喜欢现在的自己

著 青松

民主与建设出版社

·北京·

© 民主与建设出版社，2024

图书在版编目(CIP) 数据

喜欢现在的自己 / 青松著. -- 北京：民主与建设
出版社，2016.8 （2024.6重印）
ISBN 978-7-5139-1247-1

Ⅰ.①喜… Ⅱ.①青… Ⅲ.①成功心理 – 通俗读物
Ⅳ.①B848.4-49

中国版本图书馆CIP数据核字（2016）第204462号

喜欢现在的自己
XI HUAN XIAN ZAI DE ZI JI

著　者	青　松	
责任编辑	刘树民	
出版发行	民主与建设出版社有限责任公司	
电　话	（010）59417747　59419778	
社　址	北京市海淀区西三环中路10号望海楼E座7层	
邮　编	100142	
印　刷	三河市同力彩印有限公司	
版　次	2017年1月第1版	
印　次	2024年6月第2次印刷	
开　本	880mm×1230mm　1/32	
印　张	6	
字　数	180千字	
书　号	ISBN 978-7-5139-1247-1	
定　价	48.00 元	

注：如有印、装质量问题，请与出版社联系。

目 ❤ 录 CONTENTS

取悦自己，这是最重要的

目♥录

CONTENTS

明明很拼命，为什么还是没有回报

目 ❤ 录

CONTENTS

目 ❤ 录 CONTENTS

你的本色，只有自己稀罕

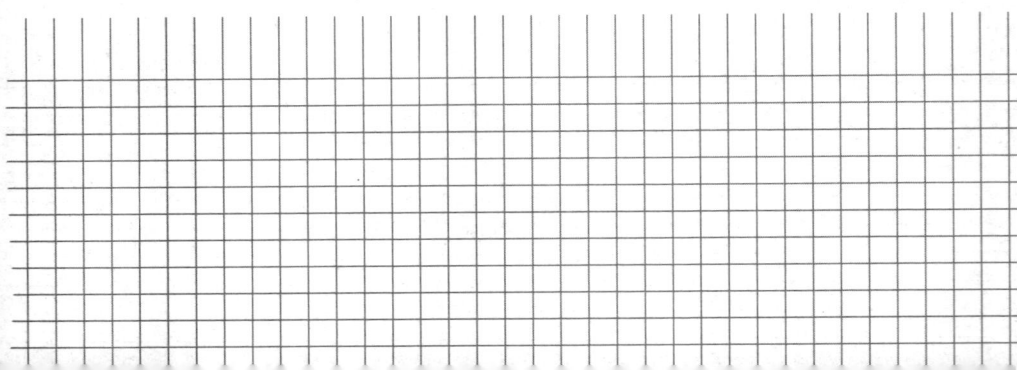

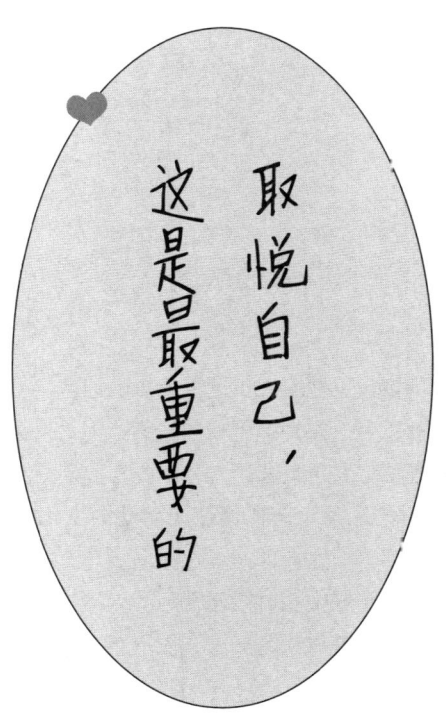

取悦自己，
这是最重要的

走了那么远，
我终于找到自己了。
如果你现在还没找到，
没关系，我等你，
我们一起慢慢来啊。

取悦自己，这是最重要的

[1]

二十一岁那年的春天，我度过了近三个月的抑郁。

我不知道自己有没有严重到抑郁症的程度，但是每天就是沉浸在专心致志的悲伤里，动不动就哭了出来。

如今想来，当时的生活没有任何惊天动地的变化，全是心底里的迷茫，全是精神上的自苦。

一个刚过二十岁的年轻女孩，最想得到的，不过是这个世界的认可和赞同。可我，既达不到导师对我的要求，也不知道漫长的读研生活究竟有何意义。

所有人都跟我说："你上学早，年龄小，应该继续读博士的。"却没有人问我："你真正喜欢的到底是什么？"我也不知道自己究竟喜欢什么，只知道自己厌倦了所有经济学论文中难懂的数学推理。

一直以来那么喜欢学校的我，竟然想尽了一切办法逃课。

逃课也没什么地方可去，还是背着书包在校园里闲逛，满脑子想的都是——未来该做什么呢？是考博读博还是继续工作？该不该放弃对我来说如此艰难的经济学？我要不要去重读一个中文的学位？我究竟该找什么样的工作才能过的满足又快乐？

这些问题哪里能找到答案。

导师仍然在课堂上讲着我完全听不懂别人却频频点头的理论，其他同学仍然过着好像和我截然不同的目标明确、毫无忧虑的快乐人生。

只有我，像一只被沼泽吞没双脚的人，眼睁睁看着日光大好，却控制不住得下坠。

最沉郁的那几天，我在苏州旅行。那么暖又热烈的春光，那么长又曼妙的清溪，都没能治好我心底的隐疾。

住在山塘街的那一夜，白墙黛瓦的老房子都睡了，星光隐退，月色如醉，多适合与老友倾杯，或者独自安然沉睡。

可我看着远处河岸边摇摇曳曳的灯笼一盏盏熄灭，只觉得我心里的光好像永远都不会再燃起了。

四年之后，我二十五岁了。相比于四年前，我的人生，其实丧失了很大一部分可能性。让当时的我每天忧心忡忡的各种选择，早已被定格，甚至再也无法更改了。

可我终于学会了好好拥抱自己，享受年轻又热烈的生命。

不再忧心尚未发生的未来，不再遗恨已经定格的过去，而是去寻找当下这一秒的美好。

我是慢慢地度过了那三个月的抑郁。在图书馆找各种心理学的书看，用尽了一切方法自我调节。

最重要的是，我开始好好写东西了——我终于发现了自己真正喜欢的事情，了然了自己在阅读和写作中获得的无限快乐。我不再忧虑未来该获得什么专业、什么等级的学位，也不再忧心以后的工作。

那之后，我才真正成为一个写作者。一路写到现在，竟然冥冥之中，走入了自己最喜欢的生活。

回想当年，那个时刻谨记着"别人的意见"，想要达到所有人标准和要求的自己，竟然从未有一秒愿意看看真实的自己。

所以每当有人问我，自己以后该怎么办。我总是跟他说："不要去听别人的声音，要去听你内心的声音。如果暂时还听不到，也别害怕慌张。你要继续往前走，多尝试，甚至多摔跤再爬起。你要付出一切真挚去感受一个真实的自己。"

找到真实的自己，找到真正的热爱，比任何"别人的意见"都重要，比任何"别人想要看到的你"都重要。

[2]

去年的大部分时间里，我也是处于焦虑的状态。一方面，我日日抱怨着自己无字可写，另一方面，我像所有的宅女一样，几乎不接触外界任何新鲜的东西，还恼怒生活真是又无聊又没劲啊。

过年无事，我在家里翻看去年的日记，发现那么多周末，纸页上都是空白，我一点儿都想不起来自己究竟干了些什么——也许昏睡一天，也许刷完了所有综艺节目，却什么都没有留下。

那些空白扎在我心里，不是遗憾，而是可惜……可惜大好时光都被辜负。

所以年后，我才决定再也不要当一个死守在家里的宅女，要尽可能得出走、旅行、认识新的人、体验新的事情。

所以上周末我急急忙忙地飞去了南京。和朋友走在初春的秦淮河畔，河水青绿喜悦，周围路过的姑娘有着惹人注目的花瓣一样清丽饱满的脸颊。

就在坐地铁去机场之前，我还路过了一个当年国民政府官员的旧宅。那个院子如今已无人居住，却变成了一个深沉的诗社。二楼的房间被改造成了免费的图书室，柔软的淡绿色地毯，复古台灯下的灯光映照着窗外碧绿的枇杷叶，让我知道这世界上还有那么多人，安静得守候着一块文艺的精神角落。

而我回忆起那年四月春光最盛时的苏州城，只觉得自己辜负的不仅是自己，还有这个世界盛装以待的惊喜。

就这样，一步一步，我不仅走出了四年前的抑郁，还走出了一年前的焦虑。

苏州河畔那些曾经熄灭的光，我以为永远不会再亮起的光，一盏一盏地重新亮了起来。

谁能想到呢，我竟然在二十五岁这年，才迎来了最好的时光，并且相信——时光它会越来越好。

那天，朋友问我，你最近过得如何？我想了想，大概只有"完美"二字能够概括吧。话刚说出口，我在心底深处也有点惊讶。

要知道我仍然没有像年少时梦寐以求的那样——读名校，进名企，拿高薪，过着光芒万丈的人生。可是我竟然第一次觉得生活充满安宁和喜悦。

其实生活本身没有任何变化，变化的是生活中的"我"。我终于敞开了所有细胞，去看这个世界的温柔与博大。

如今我住在最喜欢的城市。这座城市有着漫长的春天，樱花如雪飘落，蔷薇铺满长街边的栅栏。初秋大团大团软绵绵的云挂在电线杆上，浮在海平面上，落在路的尽头，每一帧都像极了宫崎骏的动画。我每天站在窗边就能看见海，每至傍晚，海天相接处有我看过的最美的落日。

我做着最喜欢的事情。有大量的时间可以沉醉于阅读和写作，即使枯守书桌、放弃娱乐也不以为苦。

我不爱买包，对奢侈品全无兴趣。赚的钱足够日常花销，也够去遥远的地方旅行。更重要的是，我对世界有着庞大的好奇心，这种好奇甚至比年幼时更旺盛。

我由衷地理解了伍迪艾伦的话："曾经我白发苍苍，如今我风华正茂。"

那个曾经日复一日活在别人的期待里、一秒都不敢成为自己的少女，终于钻出了她作茧自缚的壳，自由自在得飞了起来——尽管她早已不再是少女，可她却比任何少女时期都更张扬和自信了。

[3]

很多姑娘问我，你觉得如何才能变得有吸引力，如何才能变得有魅力，如何才能被更多的人喜欢？

我真想告诉她们，我也是用了好多好多年才学会一个看起来很简单做起来却很难的道理，那就是永远不要试图取悦任何人，永远不要为了他人而改变自己。

前几天，我朋友圈里的一个女孩发了一段话："我做所有的决定都是因为——我愿意，而不是七大姑八大姨说你该怎样怎样，朋友同学说你该怎样怎样。没有一件事比取悦自己更重要。"配图是她开怀大笑的样子。

我真喜欢这样的她。

如今想想，以前我有多少的不快乐源于"别人不喜欢"。

别人说我写得不好，我就不写了。别人说我的衣服不好看，我绝对不会再穿那一件。别人说我选的工作不对，我用了一番长篇大论来解释自己的选择，虽然最后他只是摊摊手耸耸肩表示并不care。

多少年前，我喜欢的男生说他爱长发的女孩，所以我苦熬短发变长的过程。可他后来只不过是爱上了另一个女生，唯一的借口还是"不爱"。

就在前两年，我信任的朋友说我写的东西并无价值，所以我藏着掖着，有好几个月不敢发布新文章，生怕被批评被轻视。可后来我才知道我写的东西她连看都没看过，曾经的批评竟然是出于她对我一贯的"印象"。

所以现在多好——我根本不想讨全世界喜欢，我只想讨自己欢喜。

看电影《阳光小美女》的时候，我爱死了那个胖嘟嘟的小女孩。

别人参加选美大赛都戴着皇冠，穿着公主裙。只有她，穿着T恤和短裤，戴一副圆眼镜，小肚子鼓鼓的，跳着根本不能算舞蹈的舞蹈。

可是她多开心啊。她笑的比谁都真挚，她就算长大了，便成了一个平凡的大人，也一定不会忘记曾经的自己。

现在我终于学会了像她一样——我快乐地照自己的意愿活着，谁喜欢还是不喜欢我都没有关系。

以前别人若说我："你怎么写得那么烂？"我只会唯唯诺诺暗自伤怀，可如今，我终于敢理直气壮得回复一句："你一定是看错了，我觉得我写得简直不要太棒。"

我也明白了那种"你永远打不垮我"的信念，它也许不是因为一颗强大的心，而是因为一颗柔软的心——我比任何时候都爱自己。我爱自己的勇敢，也爱自己的软弱；我爱自己大部分时候的慈悲，也爱自己偶尔的苛刻；我知道自己有多么不完美，但我全身心接纳了这种不完美。

所以现在的我仍然爱写鸡汤文，热情地喊口号，急切得呼吁着我认为正确的一切。我仍然留短发，踢足球，一个人旅行，做一切别人认为过于"女汉子"的事情。

我再也不想争取全世界的认同、认可甚至夸赞，我只想要做让自己开心、满足、无愧于自己的事情。

我觉得，这不是自私，不是自恋，而是真正的自爱。

走了那么远，我终于找到自己了。

如果你现在还没找到，没关系，我等你，我们一起慢慢来啊。

人生在世，不为别人而强颜欢笑

[1]

周末遇到过去的同事，说起最近武汉的房价。

"你买第一套房的时候，不到八百块钱一个平方吧？翻十倍不止，财商真高。"朋友说。

财商这事儿跟我真没有半毛钱关系，我清晰记得当时买房的情形。

当年我供职的单位是家大企业，虽然取消福利分房，大家还是有福利房可住。每个年轻人结婚的时候，都会有一个自己的窝。但那窝是什么样的呢？20世纪60年代的红砖楼筒子楼，家家户户把煤气炉安在走廊上，卫生间也是公用的。

这样的房子是起步，随着工作年限、级别的上升，住房条件会慢慢改善，最终，住进两居室，三居室。不过熬到那时候的，都是中年人了。

有个同事比我早毕业几年，刚生了孩子，在十几平方米的空间里，挤着他们一家三口，还有来照顾孩子的丈母娘。我去的时候，丈母娘正坐在沙发上准备洗脚，灯光昏暗，我进去一脚踹翻了她的洗脚盆，水洒的满地都是。

那一刻，我心里有个声音喊，这不是我的生活，我不要。

买房的时候，很多人劝我。住上单位的两居室只是时间问题，花这个冤枉钱，多傻啊。

我没有什么道理能说服他们，只有一个信念：绝不能让自己的孩子出生在没有厨房厕所的房子里。

当天看房就下了定金，房子唯一的优点是离单位近。

后来房价上涨，人人都当房奴的时候，每个人都说我聪明，有眼光，我倒觉得，我可能比他们傻一些。

一个理由就可以支撑我做一个重大的选择。而很多人，喜欢左右权衡，喜欢万无一失，考虑再三，还是会放弃。因为世界上哪有什么万无一失，怕失败的人永远得不到成功。

[2]

我还在著名的杂志社工作过，两年就辞职了。那间杂志社因为待遇好，很多人做十年二十年，尽管每天都在抱怨，还是不愿意走。

导致我辞职的也是一件很小的事。

与老总在北京出差，我陪她去买护肤品，她买了两套，发票开的是她家先生的单位。导购小姐按规矩给了她一些试用装，她却软磨硬泡想多要一些。

"你看，这小姑娘帮我拎东西，总得给人家一套试用装吧。"她指着我说。

那是我一辈子忘不了的尴尬时刻。

导购只好又给了她一些，嘴角带笑，眼睛里却藏不住鄙夷。她伸出手指头，从里面挑出最小的一盒，递给我。我连忙扔回她的手提袋。

那一刻，我就决定，绝不在这样的人手下做事，无论她的业务能力多强，办的杂志多么畅销。

朋友觉得我太冲动了，实在不行可以换个部门啊。

那位老总在这间杂志社做了15年，从接热线电话的编辑做到高管，我相信这样一个人的身上所体现的就是这间公司的气质。

[3]

如今杂志社江河日下，跟我同期入职的同事，夸我当初有远见，如今他们走也不是，留也不是。

其实并不是我预见了杂志社的今天，而是我更尊重自己的内心。我爸经常指责我，你是公主病，别人都能忍，你就不能忍。

可是，我凭什么要忍。

虽然我常常不知道自己要什么，但我很知道自己不要什么。我不要委曲求全，整日抱怨，我不要看着自己每天忙忙碌碌、努力上进，却过着不快乐的生活，跟不喜欢的人在一起。

［4］

有些人觉得人生的重大的选择，应该有浩大的理由，我却觉得，越是重大的选择，理由越是简单直接粗暴。

要不要过这样的生活，每个人心里原本都有答案，是理性的分析，慢慢磨损了那个正确的答案，使我们变得与大多数人一样，为了生活而忍耐，为了生存而低头，其实你不忍耐也死不了，抬起头也可以活得好。

一个女生，觉得男朋友不适合她，在一起不快乐，本来应该转身就走，她却开始理智分析，一分析问题就来了——单身女生这么多，离开他万一找不到别人怎么办；据说中国90%的婚姻都是凑合的，我与其再找个人凑合，不如跟他凑合……

人脑中有一个区域是专门负责"解释"的，所谓理智的分析，其实就是为自己的软弱找借口。

我一直是个大事冲动的人。一切让我觉得沮丧、没有尊严、突破底线的事，我都会毫不犹豫地逃离。很多人在这样的时候，会问一个问题：你不想要这种生活，但你想要什么样的生活？

抱歉，我答不出来。

想要什么样的生活，是特别难回答的一个问题。无论你描画出什么样的未来，旁人几个反问就可以轻易灭了你的热情，于是你被扣上幼稚、不成熟、异想天开的帽子。

其实我干吗要知道未来是不是比现在好，如果当下的生活是一种忍耐，我要解决的就是不再忍受，而不是一定要知道明天会更好。

未来更好还是更糟，谁说了都不算，只有去实现才知道。

不要相信现在不开心，忍到最后就会开心。忍到最后只会心死，不再介意什么叫开心，什么叫梦想，什么叫热血。

有一句西谚是，小的选择靠经验，大的决定靠感觉。

小事尊重自己的理智。买哪件衣服、去哪里吃饭、看什么样的书，研究时装杂志、上大众点评、看豆瓣评分，做足功课就可以最大程度避免选择失误。

大事遵从自己的内心。为不喜欢的事情而含辛茹苦，为不喜欢的人而强颜欢笑。这样的经历，出现在我们18岁以前，是磨炼意志，18岁以后就是苟且偷生。

我们要在生活中尽最大可能保存的，不是一张饭票，一段关系，一种稳定，而是自己的热爱、热血、激情与尊严。

做好自己的限量版

我家健身教练前几天突发奇想要去打美白针，被我第一个跳起来反对：你有毛病啊，你诶，一个健身教练为什么要打美白针？

她一脸委屈：客观来说，你不觉得我真是太黑了吗？

我说：客观来讲你是不白，可是，你这个肤色，配上你的职业你不觉得perfect吗？

为什么太多女生都只死死盯着自己的缺点，并且觉得别人也会这样？

我们每看到一个人的时候，并不是只看到她的肤色，那是完整的她啊，360度的人，立体的，丰富的人。就像我每次看到教练，都觉得她是那种每天日出之前会去跑十公里的健儿，觉得很和谐啊，很美啊，为什么所有女人都一定要把自己搞得跟微商嫩模一个套路？！

记得有一句这样的名言："时间使人们唯一无法看到的只有自己。"这个世界上，女人们对自己颜值的挑剔程度，往往超乎别人的想象，我们总是只盯着自己短处而无法客观直视。

有一次，我家崔老板问团队，你们知道什么叫"接纳不完美的自己吗？"

一群小伙伴说了半天，崔老板都摇头，你们都没说到点子上。你们依然还在和自己的缺点作战。所以你们精疲力尽，你们踌躇不前，你们却忘了，接纳不完美的自己是，你把身上长处发挥到极致的愉悦感，远远盖过了你对自身短处的遗憾。

深以为然。那何谓你的长处？仅仅只是个子高，眼睛大吗？难道不包括，你是办公室里最聪慧，最敏锐的那个吗？这长处，也是你可以拿来弥补颜值的五彩石。

我们曾经都羡慕过模特杂志上的女人，完美的身材比例，天使面容，雪白肤色。给我们展现一种360度的无死角美丽，可大表姐刘雯，偏偏不做欧式双眼皮，就那样坦荡荡保留一个内双，恰恰成了一个亚裔模特的特色。

你完全不必为了自己的这点缺陷而感到落寞，甚至完全没必要试图大刀阔斧用"美白针"这样的代价去弥补自己。

我曾经无数次讲过：一个女人想要笃定。首先要内心对自己有一个形象期待，这个形象并不仅仅是说你今天穿什么颜色衣服，配什么鞋子，而是接下来的每一天，首先，你想以一个什么样的形象为自己而活——像我，是把母亲这个身份还是作家这个身份排在前面，直接决定了我第二天穿什么衣服出门，以什么气质示人。

这就叫，认清自己。

因为认不清自己，健身教练才会觊觎美白针。

因为认不清自己，所以才会总是嫌弃自己。

因为认不清自己，才会一窝蜂地去做蛇精脸，网红脸，好看却平庸。没有一个被我们长久铭记的天后，是想不起来长什么样子的。

因为认不清自己，才会忽视了自己的职业，环境，带给自己的多方位烘托。

为什么人选对了适合的工作，会精神气更好，就是因为这一切职业气质，都与她那么和谐而共美。小麦肤色适合教练，旗袍身材适合古琴师。如果说一个人的打扮也能暴露智商，那么职业，是来帮助我们提升全方位智商的。在职业的修炼上，我们也能越来越看清自己。

女人这辈子最难的，是真心喜欢属于自己的这一亩三分地。无论它是高的矮的，颜值到身材，工作到个性……接纳后，只为了这个自己更好，而不再试图看起来美得像某个人。

颜值，是一条通往未来的路。那个路的尽头，有一个清晰的"你"，知道自己是谁，要往哪里去。

这样，你才会淡看那些千篇一律的美貌，你才会断掉妄念和欲望，你才会知道，哦，原来这就是我，这就是我应该有的样子。

从此，你就亲手获得了一个限量版的自己。

我们在意和放大的缺点，在旁人眼中却是不值一提的小瑕疵。

你有没有变成自己喜欢的样子

有一段时间我经常问自己，到底有没有能力过上自己想要的生活？现在的生活真的满意吗？这些问题睡觉前我都会问自己，但我并没有给出自己满意或者不满意的答案。要给生活下定义，起码得等到真正老去之后历经几十年的风风雨雨才能给自己走过的一生盖棺定论。

但是现在，我又被这些问题困惑。我问过身边一些朋友，我说你们现在的生活是曾经想要的吗？或者满意现在的境遇吗？有朋友笑我矫情，说文艺青年就是喜欢刨根到底想问题。也有朋友说知足常乐，祖祖辈辈都是这般一代接一代的过活日子，得过且过行了。还有朋友说，就算不满意现在生活也只能这样，要不然还能怎样？

是了，我一直询问自己到底能不能过上自己想要的生活，现在的生活状态到底是不是自己所喜欢的，其实归根到底都是庸人自扰。别人没有的，我得到过，别人拥有的，我也会艳羡，但人与人之间无外乎都是在你看着我我看着你的状态下过生活。与其想太多不如付出行动努力，因为我一直都相信努力之后的付出能得到收获，如果得不到，再换角度换方法再次出发，如果还得不到，那么我认命。认命于我而言不是妥协，而是我走不通这条路，换一条路再走。

既然过自己想要的生活得需要资本，既然没这个资本就得去赚取资本，那么现在该赚取资本的年纪我又何必总是杞人忧天想太多？很多东西也许比别人稍微晚一点、慢一点得到，但是没关系，反正赚取到了资本后早晚都会有。

真正过着自己想要的生活就是把无数个今天过好，这些今天组成在一起便是自己想要生活的样子。你说青春原本应该张牙舞爪，去想去的地方成为想成为的人。于是太多人说走就走地裸辞，提前透支存款挥霍，问父母要钱满足自己招摇过市的虚荣。只是你忘记了，真正的勇气与能力是把今天过好，在循规蹈矩的生活里过出五颜六色的光芒。

　　我对过上自己喜欢的生活样子的重新理解便是把今天过好。这意味着既不辜负亦不蹉跎时光，换个姿势态度围观这个世界，因为能把今天过好也是在努力活成自己喜欢生活的一部分。等到无数个今天过完后，当我再回过头看，兴许曾经发生的一切都是按照自己喜欢的方式进行。

　　如果你愿意，过上自己喜欢的生活成为自己喜欢的样子其实很简单，那就是好好对待今天。譬如，你想成为让自己都赏心悦目的人，那么就得在今天锻炼身体，坚持好一件专长并发展其他辅助爱好，学技能，做某个领域的达人，学会养身，研究适合自己的穿衣搭配，努力朝着职业发展领域晋升，等到经过一段时间后，你想要的样子就会渐渐凸现，旅行也可以实现。

　　你想变得有钱，想成为画家、作家、舞蹈家、歌唱家、设计师、老师、商人等等，只要心中怀有那些符合自己实际现状的梦想，那么就得在今天付出努力，把今天过好，让时间来检验你的付出。等到梦想实现时，曾经奋斗过的过程，其实也是你所喜欢的过程。至于明天或者未来一周、半个月、一个月等，则可作为信心规划，让自己有目标追求。

　　那时候我不甘心以后过着一成不变、按部就班的生活，我说我要努力挣钱完成自己想要完成的梦想。但是好友阿甜告诉我，所有的不甘心到你生儿育女接受了生活的施压都得变成甘心。阿甜23岁，女儿现在1岁。她说她也不甘心这样类似于黄脸婆的生活，洗衣做饭带孩子，但是她告诉我，属于自己的无能为力时别归咎于生活，也别总是说不甘心，要么有本事豁出去过上想要的生活，要么在不甘心中活成自己甘心的样子。

　　阿甜每次出门都要精心打扮自己，如果不是她亲口说，旁人看不出她是一个已经结婚生子的女人。柴米油盐的生活谁都要操劳半辈子，她在家时会主动做家务，看一些育儿的经验，但是她不会因为生活而生活。她也有梦想，因为她打算考公立医院，朝一名优秀的扩士长看齐，所以她除了每天坚持阅读以外也会看医学类书籍。总之，阿甜就是在不甘心的生活中选择自己甘心的态度过日子。

最痛苦的不是梦想泯灭或者夭折于现实，而是现在回望年少时热血沸腾的梦想如今再难启齿。还有，最可怕的并非活得平凡，而是正在过着一种平庸的生活还觉得理所当然。

要一步一步走一点一点看的人生你千万别急着去看透，若是全看透了，会多无趣。

你的独一无二，在于不像别人

最近一个很热的话题是因为不甘平庸而显得不合群。在旁人还在熟睡的时你去自习室看专业书；在周围的人浑浑噩噩时你决心考研；在很多人逃课的时你坚持上课听讲；在同事聊八卦偷懒时你忙着加班做项目。

可是这样的你，有时也会觉得有点孤寂，不被世人理解。这样的心情往往容易感同身受，叔本华说过：要么庸俗，要么孤独。

在大学里遇到过很多人，一个人去上课、一个人去图书馆、一个人在楼顶练口语；宿舍其他人整天不上课，睡觉、玩游戏还会讥笑你有病。你也许会动摇，会怀疑自己，但是不甘平庸注定会有点"不食人间烟火"成为另类。

相反如果身边暂时没有志同道合的同伴，就提升自我独自前行遇见更好的人，为理想抛弃身边平庸的人又何妨？

《生命不能承受之轻》中提道：我们全都需要有人注视我们。根据我们生活所追求的不同的目光类型，可以将我们分成四类。

第一类追求那种被无数不知名的人注视的目光，换句话说，就是公众的目光。

第二类是那种离开了众多双熟悉的眼睛注视的目光就活不下去的人。

接下来是第三类，这类人必须活在所爱之人的目光下，他们的情况与第一类人同样危险。一旦所爱的人闭上的眼睛，其生命的殿堂也将陷入黑暗之中。

第四类，也是最少见的一类，他们生活在纯属想象、不在身边的人的目光下。这类人是梦想家。

如果活在世俗的眼光里，会迷失自我，活成别人期望的样子，生命陷入黑暗中。我们往往想成为第四类人，生活中不缺乏追梦人，少的是实干的梦想家。他们有强大的内心，冲过世俗的障碍，坦然接受孤独，不被外界的观点束缚，不花费过多精力去担忧。

在厦门的闹市中安静的隐藏着一家安静的"晨光"旧书店。从各处收集的旧书都有着绵长的回忆和久远的历史。在电子书随处可即，纸质书滞销的今天，这家小店以微弱的力量，延续着精神文化遗产。而店老板放弃外企的机会一直坚守着，背后是非凡的气度和强大的勇气。

看到一个女孩的故事。20岁，独自一人去印度当国际志愿者，去当地NGO教中文和舞蹈。业余组织线下读书会，办自己的旅行主题分享会，24岁，已走完16个国家。在最美的年纪，她独自行走于英国、法国、德国、泰国、日本等国家，一边做着公益事业一边看风景。

在纽约有一位94岁老太太 Iris Apfel，当她以各种各样奇异装束、大胆色彩受到世人追捧的时候，她总是爽朗一笑，淡然表示"我过去的70年就是这个样子的"。94岁的Iris自信依旧，在她身上充满阳光活力。网上一些人对此嗤之以鼻，Iris都不以为然：这辈子最不需要在意的事就是"别人怎么说你"。

总是有很多人在外界嘈杂的声音中，依然能活出自我，坚持自己的立场。

我们的不同之处在于，内心太过浮躁，想的太多做的太少，常常担忧抱怨；而担忧抱怨背后是你不够自信，更是懒惰，懦弱，缺乏决心的借口。你不会意识到，嘲讽与打击能让我们正视自己的优势与不足，更好地脚踏实地，亦是一种宝贵的疼痛财富。

杨熹文在《你应该努力去实现，那个正在被嘲笑的梦想》一文中提到，在一个庸碌的集体中，成为有梦想的异类，是一件十分需要勇气的事。所以你不必害怕，要让自己强大起来，现在的嘲笑讽刺都是因为你还太弱，能遏制恶语中伤的恰是行动，事实胜于雄辩。

当你圆梦的那一刻，证明自己之后，嘲笑的声音自然会退去。反对的声音和异类的标签促使我们成长，更好的进步。诗仙李白不也有："他人笑我太疯癫，我笑他人看不穿"洒脱的真性情，生命中最难能可贵的是活出自我，活得豁达，达到一种忘我的境界。

五月天在《倔强》里唱："我不怕万人阻挡，只怕自己投降，逆风的方向，更适合飞翔。"前进的道路也许注定是坎坷的，只愿在同样的心境里，你能放下顾虑担忧，将此刻心中的触动化作行动。一个成功者的心态是能正视自己，耐得住寂寞，经得起考验；有足够的信心，即使没有人理解能坚信自己一定会成功，不刻意迎合、不随波逐流。

　　刘同说过："太多人输在不像自己，而你胜在不像别人。"有时候"与众不同"，是"另辟蹊径"的创新，更是坚守独一无二的品质。

　　你要相信，我们终会开辟出一条属于自己的路。

　　希望你不甘平庸更无惧前行；希望你"坚持到无能为力，拼搏到感动自己"；希望你遭遇质疑讽刺后，仍然有义无反顾、宠辱不惊的气度；希望你不被外界判断影响，只询问内心是否充实，默默前行，沉稳而笃定！

你不要总想成为别人

我们有多渴望成功，就有多害怕失败。与人聊天的时候，我最怕聊到最后，对方忽然问一句，我是不是很失败。我总是不知道怎么回答。

究竟什么样的人生算是失败？错过了不该错过的人，卖掉了接连涨停的股票，年过30尚未婚配等等，听上去好像都与失败有关，但肯定用不上失败这么严重的词，顶多算是暂时的不如意。

这样说来，真正能担得起失败这个词的人，其实并不多。是的，不多，但有时候，也许就是你我他。

作为一名恐飞症患者，有一段时间，我特别羡慕那些在路上的人，看中国台湾演员张震的采访，印象最深的不是说他怎么演好一个角色，而是他喜欢去欧美尚未开发旅游的偏远小镇，小镇上的人也许一辈子都没有见过东方面孔。

做第一个踏上某片土地的中国人，感觉一定很好，我也想成为这样的人。

所以我努力克服自己的恐飞，还在微博里关注了一个南航机长，经常向他询问飞机安全知识。但这些其实都没什么用，坐一次飞机像经历了一个世纪的痛苦，只有恐飞的人才明白。马航事故以后，我彻底放弃了世界那么大，我想去看看的想法。

别人做起来无比轻松的事，到你头上就比登天还难，这是一件无处讲理的事。

我们经常说要努力啊，但显然不是所有的事都值得去努力，尤其当我们的出发点仅仅是别人有，而我们无。

一个朋友最近在纠结要不要生二胎。她身体比较弱，生第一个孩子的时候大出血，下了病危通知书，加上孩子身体不好，家里经济条件一般，好不容易把孩子磨到三岁，实实在在想松口气。不幸的是，她发现办公室里的适龄辣妈们都开始生二胎了。

她说她其实不想生，但觉得别人都生了，她不生，显得不够成功。"现在成功的标准不就是有两个孩子吗，最好还一儿一女。"

我不知道这个成功的标准是谁定的，但我可以肯定，如果一个人，因为别人都有，所以她也要有，她对于成功的评判标准一定是可疑的，她不知道自己是谁，需要什么，才会想要跟别人一样。

跟别人一样，就是一种攀比心，它是现代人焦虑感的主要来源。

我们很容易了解到自己的痛、弱、苦等不够光彩的一面，却很难全面地了解别人，所以经常会觉得别人所拥有的，正是我们所没有的。一个职场辣妈，出得厅堂入得厨房，有A4腰，马甲线，每天都是美美的。在厨房忙得灰头土脸的我们，看到她的状态，立刻忘了做饭其实也能修身养性，炒菜的时候扭动腰肢同样可以锻炼自己身上那些聪明的肌肉，而是跑去恶狠狠地办了包一年的美容卡，包两年的健身卡，结果根本没时间去，怒气很容易又被转移到了工作与家人身上，甚至家庭出身——瞧，我就是这么不幸，所以不能像别人那么完美。

可是，这样一个循环下来，我们并没有成为更好的自己，更不会变成别人，而是成了一个焦虑、敏感、抱怨的自己。

别人身上的优点，当然应该学习。一个总是把自己打扮得漂亮的职场女性，我们可以学习她的穿衣之道，看看有什么办法在五分钟之内化一个上班妆。

然而，她的A4腰可能是天生的，她所谓的轻轻松松搞定一切，背后可能有一个无比强大的亲友团的支持，她穿西装气场强大，因为身高足有168厘米，甚至她可能就是比我们的运气更好，后面这些，是她的，而不是你的，是你没必要去努力、也肯定努力不来的。

我们每天忙忙碌碌，有多少事情是自己真正想要、喜欢或者应该做的；我们对自己的不满意，有多少是真正有必要改变与提升，有多少仅仅因为别人都在改变或者别人似乎比我们更好？

当我们期待改变自己的时候，是从每一件小事踏踏实实做起，一步步变成更好的自己，还是每天刷着那些比自己优秀的朋友的微信朋友圈，心里一万个声音在问，凭什么是他？

不要把成功想得太伟大，也不要把失败想得太可怕。绝大多数的我们，其实都可以幸运地过着不怎么成功，却绝不失败的人生。有自己的小出路、小幸福、小快乐，没有大富大贵，却有平平安安，没有惊心动魄，却是有惊无险。

我们没有成为画家、音乐家、作家，却也可以沉下心来画几笔，唱几首，写几句；我们不是伟大的父亲母亲，可是在自己的孩子心目中，就是最好的爸爸妈妈。

在我眼里，世界上有千万种成功，却只有一种失败，那就是总想活成别人那样。一个人如果要做自己，首先要认清自己。

认清自己的种种局限与不足，懒惰与无能。其实每个人都有这样的时刻，只是别人的，你看不到罢了。

每一颗种子，都会开花结果

　　小时候，查尔斯·舒尔茨是一个出了名的笨孩子。在父母的眼中，他是一个十足的蠢蛋，从未干过一件出色的事情；在老师的眼中，他是一个科科不及格的差生，毫无前途可言；而在同学的眼中，他则是一个软弱可欺的人，别人打他，他也不敢还手。

　　舒尔茨也曾试图改变自己，比如：努力学习，赢得同学的尊重，参加体育锻炼，提高自己的身体素质等。然而，不知什么原因，他的成绩老是上不去，物理甚至还考了零分，而在校高尔夫球比赛中，他的表现同样惨不忍睹。在学校里，没有人关心他，也没有人和他玩耍，没有人在乎他的感受，也没有人在乎他的存在，他就像一个可有可无的边缘人，孤独而卑微地生活着，偶尔有人跟他打声招呼，他都会感到受宠若惊。

　　虽然在很多方面，舒尔茨的表现都相当差劲，但有一个方面还勉强过得去，那就是画画。他喜欢画画，尤其是漫画，他的整个童年和少年几乎都交给了手中的笔、桌上的画，他渴望有一天，能成为一个像梵·高一样伟大的画家。其实，那只不过是他一厢情愿的想法罢了，他的画从未得到过别人的好评，中学时，他鼓起勇气向《毕业年刊》的编辑投去几幅他自认为十分满意的作品，但不幸的是没有一幅被录用。后来，他又向其他报纸、杂志投稿，结果均被无情地退了回来。尽管遭受了无数次退稿的打击，但他毫不气馁，他仍然坚信，自己的漫画与众不同，是金子总会发光的，只是时间早晚而已。

　　中学毕业，如人们所料想的那样，没有任何一所大学愿意接纳他，但这并未影响到他对自我价值的追求，他决定做一名职业漫画家，一心一意地搞好创作。其间，他信心满满地向华特迪士尼公司写了一封自荐信，详细地介绍了自己的特长和希望获得的职位。华特迪士尼公司的负责人很快给他回了信，并让他把作品寄过去看看，他精心地挑选了几幅，但遗憾的是，华特迪士尼方面都不满意，认为他的作品没有达到公司要求的高度。他再一次失败了。

后来，他转变了创作方向，开始将自己独特的人生经历和生活体验融入漫画之中，营造出一个充满幽默、幻想、温暖和忧伤的世界，其中有两个大家非常熟悉的人物，小男孩查理·布朗和小狗史努比，他把这部漫画作品命名为《花生》。这部作品一经问世，就受到了人们的广泛关注，犹如一颗重磅炸弹，震撼了半个世纪，先后被翻译成二十几种语言，刊登在了二千六百多家报纸上，并延伸到全球七十五个国家，每天陪伴着三亿五千万读者一起欢笑。

不仅如此，舒尔茨还两度获得漫画艺术最高殊荣"鲁本奖"，1978年被选为"年度国际漫画家"，1990年得到法国文艺勋章，并多次登上《福布斯》杂志年收入最高艺人排行榜，成为历史上最富有的漫画家。

原来，要实现人生的逆转，就得认定目标，坚持做好一件事，正如舒尔茨自己所言："生活就是会从好梦中被粗暴地惊醒。"人生不可能一帆风顺，不可能事事如意，但只要信念不灭，再贫瘠的土地，也能种出庄稼，再糟糕的种子，也会结出果实。

决定命运的不是上天，而是自己的想法

他出生于江苏吴江，幼年丧父，他母亲让他学医，将来可以有门活命的手艺。一次，他上山采药，路过慈云寺的时候，遇到一个鹤发童颜的老先生，自称姓孔，善于推算人的命运。他很好奇，就让他算，先生说："你本是个当官儿的主儿，明年就能考中秀才，还是别学医了吧！"

他将信将疑，征得母亲同意后，弃医从学，第二年果然考中秀才，连他考试的名次都跟预测的一模一样。他服了，把孔先生请到家中，让他推算一生的命运。孔先生也没客气，给他算得很详细，哪一年考取第几名，哪一年应当做贡生，哪一年可以当县令，甚至告诉他，他五十三岁八月十四日的丑时寿终正寝，命中没有儿子。

他把孔先生的话一一记录下来，想再验证一下。有一次，按照孔先生推算的做廪生所应领的米，应该领到九十一石五斗的时候才能出贡，可领到七十一石米的时候，一位屠姓学台就批准他补了贡生。这让他心里犯起了嘀咕，怀疑孔先生所推算的是否还灵验。

不料没几天，这事被另外一位杨姓代理学台驳回，不准他补贡生。结果一直到丁卯年，才准许他补了贡生，他仔细一算所得廪米，果真是九十一石五斗，分毫不差。

服了，彻底服了。经过这件事后，他相信一个人的进退功名浮沉，都是命中注定。就像一层窗户纸，捅破之后，他就豁然开朗了。本来嘛，既然一切都是命定的，那还不辞辛苦地折腾什么呢？心态放开后，他整天游山玩水。

有一天，他到栖霞山闲逛，遇到了云谷禅师。或许是从这个年轻人脸上，看到了不应有的荣辱不惊的淡定与从容，云谷禅师大为惊异，问他说："自从你进来后，我不曾看见你起一个妄念，这是什么缘故呢？"

他老实地回答了事件的经过，说："既然命运都是个定数，没有办法改变，再有什么想法又有什么用呢？"

云谷禅师笑道："我本来认为你是一个了不得的豪杰，哪里知道，你原来只是一个庸庸碌碌的凡夫俗子。"

他不解地问："您为什么这么说呢？"

云谷禅师说："六祖慧能说过，一切福田，不离方寸。命由我自己造，福由我自己求，哪里有不可更改的定数呢？"

一句话点醒梦中人，他埋头苦读，发誓打破命运的魔咒。第二年，他参加秋季乡试，高中第一名，而孔先生给出的定数是第三名。随后，他到京城参加会试，竟然考中了进士，这在孔先生的命运预言里是不存在的。

从此，他把所谓的定数完全抛在了一边，结果命运发生了神奇的逆转。他不仅当了县令，还在兵部当上了职方司主事；不仅有了孩子，还是个儿子；不仅活过了53岁，还活到了74岁高龄。69岁那年，他把自己身体力行改变命运的事，写成一本书，传给他的子孙，这本书的名字叫《了凡四训》。

他就是明代著名思想家袁了凡。

很多时候，决定我们命运的，从来不是上天的定数，而是我们的想法。人生中，一个人最有可能把握的，就是自己的心与行，这才是命运的真正主人。

埋头修炼，总有一天会一片璀璨

大学毕业后，他挤了很多人才市场，在网上投了无数简历，参加了不少面试，但最终也没找到一个与专业对口的工作。他想，我总不能一直这么依靠父母吧，一定要做点事才行，哪怕是苦力。

于是，看到一家文物单位要招几个苦力时，他咬咬牙去了。说是苦力，其实不过是跟着文物专家满山遍野找古墓，挖开某一块土层，或者砍掉某一片山林灌木，或者用洛阳铲把深层的土壤铲出来。跟他一起做苦力的是几位老农，碰上要用力气大一点的事，他都主动承担。专家们看这小伙子为人善良，便偶尔让他帮忙做一些与文物研究相关的工作。每一次他都做得仔细认真，有不懂的地方就请教。有时专家会随意教他几句，有时就指指那些大块头的书："自己看去。"他果真捧起那些书一个字一个字地啃读，一张图一张图地细细研究。挖出文物后，专家们聚在一起研究，他就主动给他们添茶加水，站在一旁静静地听。

他发现自己喜欢上了这个领域。毕业三年，有的同学已经换了几份工作，有的也当上了小领导，而他，一直风餐露宿，过着做一天挣70元不做便没钱的工作。

专家们慢慢喜欢上了这个年轻人，因为他们总是看到他空闲时捧着那些专业书籍看，不嫌脏臭地在墓地帮他们清理文物，甚至对一片小小的碎瓷片也爱不释手地研究半天……渐渐地，专家有意识地给他看许多朝代各种各样的文物，给他指点它们的特点，告诉他它们的魅力何在。

就这样又过了三年，有的同学有了自己的公司，有的同学在职场竞争中小有成就……而他，似乎离这个繁华世界越来越远。有同学劝他："赶紧别干了！"可他说，既然还在干，就认真些、努力些吧。

这时，一个专家拿出一件瓷器让他看看。他看了一会儿后，说："老师，这是仿的，是新东西。"专家高兴起来："孩子，你真不错！有空去古玩市场试试眼力吧。"

他很兴奋，因为他明白这是专家的肯定和鼓励。从此，他又埋头到古玩市场练起了眼力。观察，对比，请教，如此又是两年多。一天，他买回来了一件青铜爵，小心翼翼地向专家请教。专家惊讶地向他竖起了大拇指，因为这是一件汉朝的青铜爵，而且是品相很好的精品。这类藏品仿品多，连古玩店的老板也以为是仿品，刚出茅庐的他，慧眼识珠，捡到了大漏。

专家们对这个默默努力的年轻人另眼相看了，他们开始手把手地教他。如此又是数年，他像一个苦行僧般前行在朝圣的路上。

如今的他，已是文物鉴定圈里赫赫有名的专家。他的那些藏品，每一件都价值不菲，他却花销甚少。有人说，天上掉馅饼的美事全让他一个人摊上了。熟悉他的那些专家却替他鸣不平：他的眼力比那些藏品所值更高！

于是，有人问他："你怎么会有那么厉害的眼力？"他微笑，答："没什么，我只是埋头修炼，有一天抬头，就发现世界璀璨一片。"

比努力更重要的是喜欢

如果你问我：小时候，你最想做的一件事情是什么？我一定会回答你："我想变得瘦瘦的。"

记得上小学那会儿，我喜欢瘦瘦高高聪明的男生，可这样的男生怎么会喜欢一个胖胖羞涩还不解风情的我呢？当时的我内心颇为自卑，虽然一度大家认识我的方式都是"那个参加数学竞赛的女孩"，但是都不足以让自己昂扬自信起来。

当时，我很羡慕小学时的音乐课代表M，她身材高挑，常常面带自信的微笑，最重要的是，她真的很受男生欢迎。每天午休结束，她就会走到讲台上，双手举到齐头高的位置，接着我们就在她纤细手臂的挥动下开始唱歌。有一次，她买了一双很流行的白色大头皮鞋，我羡慕极了，回去就缠着妈妈给我买白色大头皮鞋。

就这样，我一直把自己得不到男生青睐的原因归结为"胖"。到了初中，我就开始减肥，当时刚好是非典爆发的时期，学校停课了。"机会来了。"我内心狂喜，终于可以把更多时间花在"减肥"上了。

拿出纸笔，细细制订计划："早上去体育场跑十圈，晚上连走带跑十圈，每顿饭只吃半碗饭，配一些清淡的菜。"开始我瘦得很慢，但是几天后，我发现我平躺的时候可以摸到自己的肋骨，我的腰身越来越纤细，再后来，我的裤子由二尺二变成了二尺，又变成了一尺八，我开心极了，暗想：时机未到，继续坚持。

直到有一天，我去上古筝课，学古筝的老师指指我的手腕，对我说：

"你看你瘦的。"我才发现，我手腕处的骨头凸出来了。上完课，狂奔回去，一上称，竟然只有82斤。对于当时身高1.6米、体重向来都是三位数的我来说，这个数字带给我的不仅仅是兴奋，还有重新找回的自信。

其实，现在想想：当时的毅力哪来的？我觉得，可能是我享受减肥这件事情带给我的成就感远远大于胃液灼烧和胃壁摩擦带给我的痛苦。乐在其中地去做一件事，总好过天天暗示自己"你必须这么做"要来得容易且长久。

[2]

从高中开始，他突然喜欢上了音乐，唱歌成为他生活中迫切需要的一件事情，就像水之于鱼一样。随即，他便忐忑地对母亲说："我想学声乐。"母亲从并不十分丰厚的积蓄里拿出一些，请了每小时150元的声乐老师，满足了他的愿望。

从那时起，唱歌成了他生活的一部分，走路的时候在唱，坐公交车的时候在唱，丝毫不在乎别人的眼光，甚至，每天晚上出去练声成了一个习惯。

"今天别去了。"母亲望望窗外的大雨劝慰道。"妈，没事儿，你早点休息。"他拍拍母亲的肩，拿了一把伞就转身出去了。

转瞬到了高考报志愿的时候，他毅然填报了就业率两极化的声乐专业，未来之路的艰难他不是不明白，可是不试一把，又怎么对得起呼啸而过的青春？

他对音乐的热爱是从骨子里散发出来的，亦如他的母亲。母亲在他这个年纪，已经在校文艺队经历了各种弯腰劈叉的训练，还天生一副好嗓子。

在做了几年音乐教师之后，母亲为了照顾上初中的他和姐姐，放弃了一个做大学音乐教师的跳槽机会。从此，母亲一直将这个爱好深埋在心底，从事了另一份薪水略好的工作。

可是，无论是同学聚会，还是公司聚餐，在需要一展歌喉的时候，母亲的好嗓子定能一鸣惊人。

有的爱好，渗透到血液，蔓延到骨髓。无论过多久，无论在何时，这个爱好就是你的一个"舒适区"，当你抵达，所有烦恼抛诸脑后，大叹一声："这才是生活。"

[3]

知乎上有人提问说："为什么有人愿意用喝酒、吹牛、看综艺节目来消磨时间，有人却选择用这些时间来看一本书？"因为每个人的舒适区不同。

很多人有过类似的体验：紧张的时候，会愿意看年少时看过的电视剧，吃年少时最喜欢吃的零食，如果跟父母关系好，那么每次回老家都是一种愉悦的体验，就算跟着父母看俗套的电视剧也会心情舒畅。

每个人都有自己的爱好，这个爱好就是最让你有安全感的舒适区，它甚至是一种仪式般的行为，每个人所做的，都是对当时心情的最优解。

"毅力"这个词，真的是给别人准备的。就像我一个朋友，学管理的，自己考上了社科院法硕的研究生，我说："你真的好棒，法律这个陌生的领域，你竟然无师自通了。"她嫣然一笑："其实，当你看进去了，就没那么难了。"

又想到自己去年参加的唯一一次省公务员考试。在父母的各种威逼利诱下，我买了书开始看。刚开始的时候甚至都不知道什么是《行测》和《申论》，于是只好抱着"既然没退路了，那就看吧"的心态，天天晚上看书，周末泡图书馆自习室。印象最深的是，《来自星星的你》当时正风靡，闺密一直推荐我去看，还要跟我讨论剧情，我看看日历，想想考试的日子，就平静地说："等我一个月。"

半个月后，我竟然发现我开始爱上做题了，爱上周末起大早去自习室时的感觉，就这样坚持了一个多月，最终岗位笔试竟然考了第一。

现在想想，任何事情都是这样一个过程，决定去做了，就着手去做，一旦找到了舒适区，你就会乐在其中，或许就发现："喜欢比努力更重要。"

永远充满喜悦地唱每一首歌，跳每一段舞，看每一场球赛，过每一段人生。

一次次磨砺，一次次提高

在一次中层领导竞聘中，经验丰富的苏米输给了同事卢红梅。几名同事给苏米吹风，说卢红梅实力不及她，只是有后台，挑动苏米去找上司反映情况，还自己一个公道。苏米冷静地分析了自己的状况，决定暂时按兵不动。同事成了自己的上司，开始一段时间，苏米的心理有些不平衡。在一次工作例会上，卢红梅强调了几项新的规定：业务人员可以不用签到，但办公室员工必须打卡上班；发放的奖金不再依业绩固定评选出等级，而实行弹性激励机制，业绩越高提成比例越高，不怕你拿高工资，只怕你没高业绩……

苏米一听很有道理，原来困惑自己的地方，被卢红梅制定的几项新规解决了。尽管对卢红梅还有些抵触，但苏米是明事理的人，接受了新的规定。苏米想，工作是工作，人事是人事，不能混为一谈。她可以对卢红梅有看法，但不能拿工作出气。

苏米反思良久，发现自己确有不如卢红梅的地方，决定接受事实。她迅速调整心态，一改往日墨守成规的作风，摒弃资深员工的优越感，把自己当新手，虚心学人所长。卢红梅交办的任务，苏米每次都能出色地完成，成了部室数一数二的技术骨干。一些同事没有因为苏米竞聘失败而小瞧她，反而对她敬重有加。一段时间后，一名同事找到苏米，说不要听从卢红梅的安排，让她难堪。这次，苏米直言道："只有傻子才会拿工作开玩笑，如果连工作都做不好，又怎么可能担起一个部室的责任呢？"有了这次经历，苏米更加豁达了。她知道，隐忍不是软弱，而是"天将降大任于斯人也，必先苦其心志"的坚强，是主动接受生活的安排，让内心安宁和谐的智慧。

就在苏米适应了改变后，新的问题又出现了。她经手的一批货物出现了质量问题，遭到客户投诉。因为苏米事先不知情，所以当总经理询问她时，她信誓旦旦地说自己刚送出的货没有问题。当总经理拿出客户送来的书面资料时，苏米傻眼了，货运单上正是她签的字，客户还附了不合格货物的照片，要求赔偿损失。

总经理给苏米三天的时间，让她查明原因，并要求她务必留住客户，再决定怎么赔偿损失。苏米感觉自己陷入了绝境，这个客户是新发展的，第一次合作就出现了这样的问题。发出这批货前，她明明检查过了，怎么会有质量问题呢？如果要赔偿，怕是自己这些年所挣的薪水都不够……

苏米无精打采地回到家，老公问明原因后没有责怪她，说："垂头丧气能挽回损失吗？萎靡不振就能躲得过去吗？"苏米意识到，情绪低落只能影响工作热情。第二天，苏米来到公司仓库，检查剩下的货物质量，没想到领导们也在那里，苏米为自己只想到个人损失而羞愧。检查了半天，大家依然没有发现货物质量问题。苏米找到货运处，再从运输环节找原因。第二天，她赶去客户单位，发现生产车间还在用她发去的货物生产。她查看了环境，突然头上滴下来的水让她茅塞顿开。原来客户的车间通风不畅，蒸气不能散发，而且气温过高，导致货物在生产过程中出现化学反应。学过化学的她知道，这才是所谓货物不合格的主要原因。苏米没有以胜利者的姿态把责任推给客户，而是收集了大量资料，给客户提供了改造车间的书面建议，以避免更多的损失。此举不但巩固了公司与客户的关系，也让苏米得到领导的赏识，不久她被提拔为技术部经理。

通过一次次的磨砺，苏米懂得，作为资深员工，身处逆境时是越挫越勇还是萎靡不振，是软弱逃避还是勇敢面对，是逆商高低的表现。逆商（Adversity Quotient）全称逆境商数，是指人们面对挫折、摆脱困境和超越困难的能力。苏米知道，提高逆商，从失败中找出正面启示，才是资深员工明智的选择。

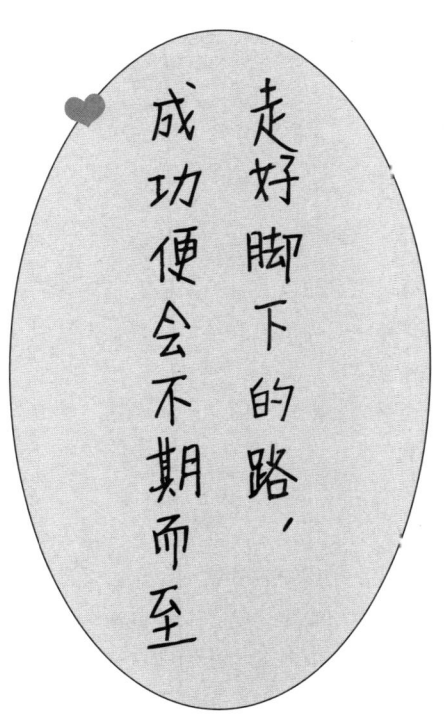

走好脚下的路，成功便会不期而至

无论世间他物如何变幻，只要走好脚下的路，成功便会不期而至。

走好脚下的路，成功便会不期而至

两年前，站在两间空空如也的实验室里，张炜知道，一切都要从头开始。她亲自联系购买国外的高精尖仪器，带着学生一点点地去淘小零件。未来在她脚下一点点延伸开。

近日，记者走进了这位中国侨界"创新人才"奖得主——张炜。

［当"淡定"遇上"抉择"］

"云淡风轻"，这是张炜给人的第一印象。她话不多，当你恨不得想倾听她的所有故事时，她却浅浅一笑："我也没什么特别的故事，就是每天在坚持自己的事情吧。"但如果你认为她只是个温柔如水的女子，那就错了。在面对选择的时候，她会朝着目标一直走，用她自己的话就是"爱钻牛角尖"。

她的第一个选择，是从"顶着光环"的临床转向了"比较冷门"的药理。"我发现很多病人出院时只是有好转，并没有完全治愈，所以想从源头上去寻找方法。"

一头扎进药理界，得到了美国知名教授的青睐，前往耶鲁学习工作8年，这是一条足以令所有人艳羡的"阳光大道"了吧？但她却做了让人意想不到的另一个抉择——接受了母校河北医科大学的邀请，回国发展。

"我有自己的理想。美国条件很好，但是工作需要跟着老板走，想做自己的事太难了。"张炜一直向往中医，想传承古老的精粹，结合进自己的研究中。

只有丈夫知道看似文弱的她内心有多坚定，陪她一起回了国。她加入了心仪的中西医结合学院，带了课题组。如今，看着亲手组建起来的实验室，张炜才真切地感受到"回到了家"。

["高冷"界的有心人]

"对于'谷氨酸受体'，我已经研究了十几年，但还是不断地有新发现出来。它太神奇了，没有它就不会有人类。"谈到自己的领域，她眼睛里流露出难以掩饰的开心，话也多了起来。

这是个在外行人看来实在"高冷"的领域，她却乐在其中。

"我喜欢较真，在做不出来东西的时候，总会一直问为什么，一定要弄出个所以然。"正是凭着这股韧劲，张炜在自己的领域里成长得很快。

美国导师也因为她在读博期间就发表了数十篇论文，向她伸出了橄榄枝，"我喜欢这样勤奋的人。"每每想到导师这句短短的赞美，张炜内心就会多一份动力。

翻过了很多奖项的高峰，张炜的日子却一如从前，看文献、查资料、做实验。她每天都跟着时间的脚步工作着，"滴答，滴答"，日子慢慢地，脚印深深的。

清晨四五点钟，天还只是蒙蒙亮，张炜就已经坐在书桌前翻起了资料，这时候是她最好的状态。晚上照顾孩子睡着后，她也会再看会儿文献，才能安然入眠。"工作让我很快乐，偶尔全家也会一起去爬山，去户外，这样的生活我很知足。"

[做基础也有"春天"]

"我们就是为临床大夫服务的。"张炜一字一顿，话语朴实而谦逊。

只是谈到这里，她还是略显无奈。"在国外，'脑研究计划'如火如荼地进行，但我国的基础性研究还是欠缺些。"或许人们的成见在于，基础科学有点枯燥，更有人说它没有应用科学"吃香"。

有些人会问张炜这样的问题，"当你日复一日地埋头做实验，还不会被人知晓时，会不会觉得不值？"

面对很多人的关心或是质疑，张炜都只是抿嘴一笑，"我相信我们做基础的也会有绽放光彩的时候，或许我得奖就是一个证明。"

她还是静静地坚守在自己的位子上，在心里描绘着属于自己领域的未来世界。"我也有小'跨界'，这是我们以后发展的方向。"张炜会将感兴趣的数学、计算机等学科融入自己的研究中，希望把基础的路子做得更宽。

"好好做研究，好好带学生。"成就只是过往，她的目光只盯在前方。

做基础也有"春天"，只是这里需要的正是张炜一般平和而执着的人。她诠释了这样一句话：无论世间他物如何变幻，只要走好脚下的路，成功便会不期而至。

高才生的"猪蹄路"

在上海松江大学城，有一个摊位引人注目，名叫"八戒烤蹄"，摊位前每天都会有非常多的顾客，烤猪蹄香味四溢，让过往的路人垂涎三尺，迈不开步伐，再看摊主赖章平，笑容可掬，满头大汗，忙得不亦乐乎。

满身油腻的赖章平，很难让人把他同"高才生""白领"这些字眼联系在一起，都以为他也就是一位学历不高的小商贩，为了生活披星戴月。谁又曾想到他是放弃了诱人的白领工作，自己心甘情愿地当上了"烤蹄哥"。

从华侨大学化学系本科毕业后，品学兼优的赖章平受到了许多企业的青睐，面对令许多大学生梦寐以求的工作和高薪水，赖章平不为所动，做出了一个很大胆的决定，自己创业。

经过一番考察，赖章平看中了烤猪蹄这个项目，投资不大，又能迎合人们的口味，可以一试。起初，因为没有资金的来源，为了提防城管，他只能推着一辆三轮车流动作战，有时候，城管也会被烤猪蹄的香味吸引，寻着香味而来，这时赖章平就会骑上三轮车跑开，哪管城管也是来买猪蹄的，他深知，这样流动做买卖的方式不是长久之计，一定要有个固定的实体店才能长远打算，为了解决资金的困难，赖章平申请到一笔大学生创业免息贷款，解决了资金的燃眉之急，一番实地考察，他把摊位设在了松江大学城，他知道，大学里有很多的"吃货"，烤猪蹄绝对会火起来。

每一只美味的猪蹄，都要经历清洗、卤制、烧烤等诸多环节，这些是食客所看不到的，每一道工序赖章平都要事必躬亲，一丝不苟，他深知，用心做好每一只烤猪蹄，在食物卫生、口味、态度上力求精益求精，才会得到认可，才能顾客盈门。

赖章平为人处世认真，他的"八戒烤蹄"小摊事业蒸蒸日上，每天前来买烤猪蹄的人络绎不绝，供不应求。让旁边好多小摊主艳羡不已，这时，赖章平雇了几个人，自己真正地当起了小老板。赖章平还把自己的烤猪蹄从线下做到了线上，在网络上开展了微信预定、网站团购等营销方式，效果也是出人意料的好，每天几部手机同时开启，摊点一旁支起的小桌子还放着笔记本电脑，实时监控外卖订单。客人从各大团购网上下订单时，这台电脑会及时发出语音提醒，赖章平会在第一时间将订单打印出来，订单上有非常详细的购买信息。赖章平把顾客分门别类，以方便派送烤猪蹄。松江大学城的大学生们也都给赖章平取了一个亲切的名字，叫"烤蹄哥"。

烤猪蹄是一件又苦又累又脏的活，跟坐在写字楼里的那些光鲜十足的白领们简直是天壤之别，对于自己当初的选择，赖章平一点都不后悔，他觉得大学生创业前期虽然苦点，但是吃得苦中苦，方为人上人，这些经历对于一个人的成长都是一笔不可估量的财富，更应该珍惜。

一天营业下来，光是烤就足够让人全身蒙上一层油，还得外送，全是体力活。每天晚上回到家里赖章平的第一件事就是洗脸洗头，烧烤摊内的油烟大，一天的烧烤做下来，他脸部的皮肤上头发上全都覆盖着厚厚的一层油，身体累得精疲力竭，但想到自己事业的顺风顺水及未来广阔的前景，用他自己的话说，那就是："苦，并快乐着。"

如今，赖章平"烤蹄哥"的名号及他经营的"八戒烤蹄"名气越来越大了，好多人千里迢迢，慕名而来，除了想目睹励志"烤蹄哥"的尊容，还想加盟他的"八戒烤蹄"，赖章平每天也会接到一些咨询加盟的电话，对于加盟，赖章平还没有授权给任何人，他说："加盟是一件很严肃的事，本着对顾客负责任的态度，我需要认真对待，不可草率从事。"

墨守成规，并非成功之道

在德国慕尼黑的伊萨尔河流域，是一大片一望无垠的棉花种植区。这里的棉花产量几乎占据了全德国产量的大半以上，因此，相关棉花的产业在当地极其兴盛发达。尤其是棉被的制作，几乎成了村民们的主要收入来源。

像众多的私营业主一样，奥斯顿在当地也经营着一间小小的棉被加工厂。但由于棉花制品成型后非常蓬松和耗费空间，所以运输和储存也就成了最困扰他的头等问题：偌大一个仓库只能堆放几百床棉被，一节车皮也只能运送几千床棉被，而且，由于运输成本的不断增加，他几乎越来越无利可图了。一天，奥斯顿突然灵机一动，要是能把棉被压缩到最小的状态，这样，不就可以最大限度地做到节约和利用空间了吗？

说到做到，他马上开始着手解决棉被的储存和运输问题。首先，他尝试重压法，就是在棉被堆放过程中，隔着几床棉被就放上铁板或石块重压。然而，这种方法只适合仓库的物品摆放，而一旦运输，其重量往往超过棉被的数十倍。后来，他再尝试把棉被用绳索交叉捆绑，可效果还是不明显，凡是绳索没有捆到的地方，照样还是蓬松。而且捆扎后的棉被，那几道深深的捆扎痕迹，也极其影响其美观和使用效果。

一个周末，奥斯顿去参加当地一家新开企业的庆典，大门口人山人海，彩旗飘飘。为了烘托气氛，该企业还特地从慕尼黑租借了一个巨大的充气拱门，这种拱门在当地可是新鲜事物，几乎吸引了所有人的目光。吉时一过，工人开始放出拱门里的气体，偌大的一个拱门，一瞬间居然被工人熟练地折叠起来，装到一个不大的背包里。这时，奥斯顿突然来了灵感：自己何不想办法抽掉棉被里多余的空气？这样，或许也可以把又松又软的棉被装进一个小小的袋子里呢?

于是,他尝试将棉被装进一种加厚的透明包装袋内,封口后,将被子重压,然后抽去里面的空气,形成真空。果然,经过这种真空袋的重新包装,最有效地节约了空间,也极大地方便了棉被的存放和运输。他的这种可以抽取空气的包装袋一经推出,很快就获得了当地棉农们的青睐,大家纷纷提前付款要求大量预定,包装袋很快供不应求。可以说,真空袋为他掘得了人生的第一桶金。

通过研究,他还发现,将包装袋中空气全部抽出,在完全缺氧的状态下,细菌几乎无法生存。从理论上来说,这种真空袋应该还同时具有保鲜、防潮、防霉、防虫、防腐蚀、防污染等多种功效。所以,它的功能已经不仅仅局限于货物的存储和运输,更能有效地延长产品保质期、保鲜期。他凭着敏锐的眼光看到了商机。后来,他及时变卖掉棉田,开始全面研制真空包装机。

1961年,奥斯顿成功研制了世界上第一台真空包装机,由于其在食品、运输等各个领域的突出贡献,该产品一经面世,就很快被各行各业所接受,不到两年的时间,他的真空产品已覆盖了全球60多个国家和地区。这家企业就是闻名世界的德国莫迪维克真空包装机生产厂。

很多时候,墨守成规,你就永远不能有所创新,只有跳出思维的束缚和羁绊,在没有需求的地方创造需求,并且,把不可能的事情变为可能,这才是成功之真正所在。

拯救那些丑陋的果蔬

　　法国英特马诗集团是一家拥有超过1800家超市的大型商品零售商，每天数以千计的人为英特马诗集团工作，马特就是其中之一。

　　马特是英特马诗集团一家超市的采购部经理。采购部的工作不仅重要而且非常烦琐，其中最令马特烦恼的就是果蔬部的浪费极其严重。比如同是橘子，外观漂亮的橘子很快就能卖完，而外观较为丑陋的最后往往只能以非常低廉的价格处理，有的实在卖不掉剩下坏了就只能丢弃。看着这些丑陋的果蔬，马特常想，有没有什么办法能让这些丑陋但不失营养价值的果蔬也能顺利地卖掉从而减少浪费呢？

　　有一天，正在家里上网的马特看到了一个新闻："欧盟决定将2014年定为反浪费粮食年。"新闻中写道，为了保证营养的全面性，一方面，人们每天需要吃五种不同的水果，这是一笔巨大的消耗，可另一方面，每年却有近3亿吨的果蔬被白白丢弃，其原因竟然是它们长得太丑了。马特看着新闻，在感同身受的同时，忽然产生了一个想法，能不能以反浪费粮食为主题，在超市开展一项活动，在促进丑陋果蔬销售的同时也唤起人们对待食物的平等意识呢？

　　有了想法的马特立刻拿起笔，写了一份详细的策划书交给了自己的上级部门，令马特感到欣喜的是，这项提议不仅得到了集团上层的高度重视，而且集团还有意将这项活动在下属的所有门店同时展开。

　　得到了集团大力支持的马特说干就干，他亲自来到农户的种植园里，将一些卖相不好的果蔬以较低的价格买了回来，挑选了其中一些长相具有代表性的怪异果蔬，如卖相较为滑稽的马铃薯，丑丑的橘子，变了形的茄子等，将它们清洗干净，设计成海报挂在超市里的醒目位置，并为它们设计出独立的销售通道、标签以及在收据上的位置。不仅如此，为了让更多的消费者了解这项活动，马特还请了一家专业的广告公司制作了一款广告片，将之放在网络上循环播出。

为了让人们有购买这些丑陋的果蔬的意愿，仅靠广告宣传是不够的。为此，马特想出了一个卖点：虽然这些丑陋的果蔬的卖相不佳，可是它们与那些漂亮的果蔬的营养价值是一样的啊。因此，马特决定将这些变了形的果蔬和完整漂亮的果蔬分别挑选出一部分，将之榨成果汁，贴上标签放在销售通道两边，并将多余的果汁免费分发给消费者。与此同时，为了引发顾客对丑陋果蔬的关注，经过与集团领导的协商，超市最终决定将它们的销售价格定为正常价格的70%。

令马特没想到的是，这场"拯救丑陋果蔬"活动一经展开就激发了消费者的极大热情。人们在品尝了果蔬汁后纷纷惊讶地说，原来丑陋的果蔬汁的味道竟然和那些漂亮的果蔬汁一样，可是销售价格却只有它们的70%，一时间，在英特马诗超市的果蔬区掀起了一阵购买丑陋果蔬的热潮。据统计，仅活动开展后的头两天，每间门店平均卖出丑陋果蔬1.2吨，客流量整体上涨了24%，有超过360万人次在YouTube上观看了广告片，点赞数量超过了52.4万次。

一个简单的创意，一个成功的营销计划，不但顾客得了实惠，商家获得了利润，更重要的是唤起了人们节约以及平等的意识，可谓一举多得。

逆境，终将成为美丽的风景

　　他出生于美国爱达荷州一个平凡的家庭，父亲是一位退休的天主教浸礼会牧师，所以很小的时候他就有机会在教堂排演的剧目中登台表演。八年级的时候，他开始为演技疯狂，立志以此为业。毕业后，像其他想当演员的年轻人一样，他只身来到好莱坞，想要开拓自己的事业。

　　然而，追寻梦想的道路从来都不是一帆风顺的，在起初的那些日子里，他只能在环球电影院做引座员来赚钱糊口，他甚至无法负担起一间公寓的费用，与别人在阴暗拥挤的公寓楼合租，不得不在无数个夜晚睡在衣橱里做着自己美丽的梦。

　　没有人支持，没有人理解，生活中充满了嘲笑和打击，没有机会，没有捷径，梦想像是上帝对他开的一个玩笑。在那些充满了绝望和迷茫的日子里，他的生活被沮丧占据，残酷的生活压力压得他喘不过气来。他曾一度想要放弃梦想，他想，算了吧，他不过是个平凡的小角色，怎么能异想天开梦想成为大明星？

　　偶然的一天，他打算从阳台上的杂货堆里捡些废物卖了以支付自己的房租时，意外地发现在露天的阳台一角，在那个堆满了杂物凌乱不堪的肮脏角落里，竟然生长着一株小草。只有两三片叶子，纤细得犹如婴儿的睫毛，嫩绿的叶芽，在灰色的杂物堆里分外显眼，柔嫩的身躯，哪怕是一阵微风也会让它为之一颤。

　　这样一株小生命，竟然生在这样一个没有足够水源和养分的地方却依然昂首挺立着，他很是惊讶，几乎花了一上午的时间，蹲在这株小草旁边，看着它一次次骄傲而倔强地挺起头颅，并快乐地抖动着，像是在昂首挺胸地迎接下一轮强风的侵袭。他的眼睛湿润了，不过是一株渺小的草而已，竟然在如此恶劣的环境下依然能坦然面对命运的一次次打击并努力给予最顽强的对抗。他心灵深处的某块柔弱被触动，他被生活的冷水浇熄的梦想之火又逐渐燃起。

他开始付出更多的努力，兼多份职，花更多的时间去学习专业的表演理论，终于，他有机会在一些戏中获得一些无足轻重的小角色，没有人会觉得这个演艺生涯并不出彩的小伙子会成为好莱坞的明星。他不计较别人的评价，也不在乎眼下的得失，只是努力着，坚持着，当生活一次次打击着他的热情时他一次次地想起那株不畏风雨而努力挺立的小草，因为他相信，唯有持之以恒地坚持努力，才能化逆境为风景。

终于，在大小银幕上出演了一系列不起眼的角色之后，他终于时来运转，他加盟美剧《绝命毒师》并担任男二号，这部剧在2010年和2012年两度拿下艾美奖剧情类最佳男配角的荣誉。他就是亚伦·保尔，一个没有显赫背景，没有出众外表但却有着一颗愿为梦想持之以恒的决心的人。

当2013年《绝命毒师》最终季的播出，人气一路飙升，亚伦·保尔也被选为商业动作片《极品飞车》男主角，成为准一线的大银幕男主角。很多人说亚伦的成功，不过是取决于他的狗屎运罢了，然而，当2014年《极品飞车》一上映便取得成绩不菲的票房时，当电影院中，观众为主角亚伦·保尔开车滑过狭窄的街角，在一条封闭的高速公路上开到每小时200公里的精彩表演喝彩的时候，那些说他走狗屎运的人都沉默了。要知道，大部分的飙车戏，都不是特技，而是他本人的真实演出，但在此之前，他并非一个专业赛车手。

然而，这部以真实感博得眼球和喝彩的影片，也是亚伦取得这个角色的条件，在影片中多场激烈的追逐竞赛中他必须自己出境参与很多真实的飙车场景，而不用任何电脑特效。为了这个得之不易的机会做好拍片准备，他在洛杉矶外的国际赛车场专门训练赛车技术，从普通轿车一直练到野马赛车。开爆无数车胎之后，亚伦已经能做到把高性能赛车一个甩尾停在摄像机镜头前一步之遥。

　　从一个默默无闻的龙套角色，到好莱坞的兰红小生，亚伦·保尔用他坚定的意志力和强大的决心以及常人无法理解的努力一步步向自己的梦想靠拢，因为，他知道，人生向来如此，平凡的人追求梦想不会有康庄大道，仿佛一株破土而出的小草，等待它的也许有风和日丽，但也要学会面对狂风骤雨，更重要的是，无论面对怎样的困境，学会坦然面对，在逆境中依然坚持不懈地努力茁壮成长，那逆境，终将成为另一道美丽的风景。

若心中有梦，就不能束缚自己

"再遥不可及的梦想，只要你愿意奔跑，都有可能实现。"四月下旬才从伦敦回国的金飞豹如是说。要知道，结束了伦敦马拉松，标志着金飞豹马拉松经历"世界大满贯"的完成。

金飞豹并不是一位职业马拉松运动员，早期，他当过工人、做过投资、办过电视台、开过旅行社，但他更为人所知的身份是探险家。成功穿越北极格陵兰大冰盖，80天穿越世界第一大沙漠撒哈拉沙漠，"7+2"（仅用18个月零24天登顶七大洲最高峰并徒步到达南北极点）项目世界纪录保持者……随便一件，都有着可以载入史册的光辉。

2006年5月14日，金飞豹与兄长金飞彪一起登顶珠穆朗玛峰，创造了中国首对兄弟同时登顶珠峰的历史。金飞豹讲起当时的一则"趣闻"："那时候我哥哥金飞彪体力比较好，比我早一些登上了珠峰，就在山顶上等我，就这样，无意中创造了一个业余登山者在珠峰停留时间世界最长的纪录。下山后，记者闻讯来采访他，问他是怎么做到的，他就坦诚地说了一句记者无法写到稿子里的话：'我只是想拍张照片，照相机在我兄弟那里'。"调侃归调侃，登顶珠峰的经历着实成了金飞豹生命中浓墨重彩的一笔。"珠穆朗玛峰对我来说不仅是一个高度，更是我衡量困难的尺子。登珠峰是要死人的，有很多困难要克服。在这之后，我碰到任何困难时，就想，这会不会像攀登珠峰那么苦那么难。因此也就有信心去面对和克服它。"

在一路的探险生涯中，金飞豹遇见过雪崩，体验过体力透支，但他始终在路上，不变初心。这一切的坚持和勇气，都来自两个字：梦想。金飞豹说，和攀登探险类似，人生也是一个不断攀登的过程，而攀登的魅力就在于明知危险仍要充满信心勇敢面对。每个人的心里都藏着属于自己的梦想，在人生路上，必然会遇到各种困难和障碍，我希望用自己的经历，激励人们勇于面对困境，战胜人生中的各项挑战，最终实现人生理想。世界上没有比心更高的山峰，也没有比脚步更远的道路，我们都应该勇于坚持心中的梦想。

用最短时间完成了"7+2"的金飞豹并没有止步于此，又开始了他马拉松路上的自我挑战。他给自己制订了长远的计划，在他眼中，七大洲最高峰代表了他梦想的高度，而跑遍七大洲极限马拉松则展示了全民健身的精神。就这样，从最初一次只能跑2.5公里，到跑完42.195公里的"全马"，再到最后的330公里"超马"，金飞豹的脚步始终在向着远方延展。"生命的价值在于奔跑。"这是金飞豹对马拉松的理解，他就是带着这种信念，跑完了七大洲马拉松和极限马拉松2024.29公里。如今，知天命之年的他又制订了更远一步的计划：60岁之前跑完一百个马拉松，然后给自己颁发一个自己设计的奖牌，叫"百马王子"。

当然，金飞豹的生活并非只有单一的探险。他既是探险家，同时也热心公益。1996年6月5日策划并发起"清洁珠峰"环保大行动，成为联合国环境署授旗的第一位中国环保宣传使者；将多年收集的历届奥运会纪念邮票15183枚全部捐赠给国家博物馆，填补了中国国家博物馆奥运邮票馆藏的空白……如今，他进行着高校的巡回讲座，把他的梦想讲给大学生们。正如他自己所说：不管走得有多远，飞得有多高，我都愿意与所有的人分享我户外行走路途中的点点滴滴，让所有的人都能感受到户外行走的乐趣和喜悦，不管是否认识，不论你在何方。

20多年的户外行走生涯，让他深刻地领悟到了人生的意义，正如他在博客中所写：世界上没有比心更高的山峰，也没有比脚步更远的道路。梦想是我人生路上的灯塔，它引领着我走向人生的目标。每一次的攀登，对我来说都是一次心灵的修炼，灵魂的升华。

"人的心中有一道大门，身体的极限是被自己内心束缚的。心里的极限打开了，任何困难都打不败你。"金飞豹说，'梦想是一种看得见生命、故事和画面的过程。只要心中有梦，就没有什么可以束缚住自己。"也正是因此，金飞豹一路携着梦想，高歌猛进。

失败和成功的距离

郭威，一个充满阳光与朝气的年轻人，美国硅谷80后中国天使投资者。在旧金山和圣何塞100公里的101公路，他以一个天使的名义找寻和支持下一个"百亿公司"。两年来，他接触了一千六百多个项目，投资了26个。这颗耀眼的新星，很快便引起了业界的关注。

郭威对商业的接触，最早是从高中开始的。那时，他不满15岁，在新加坡上高中。由于学业紧，他不能玩游戏，却发现了魔兽世界中的商机，于是他就雇人打游戏赚金币，然后通过线下交易，硬是在不能打工的新加坡，赚到了他人生中的第一桶金。

2008年，郭威赴美国旧金山大学，读企业家创业专业，开始系统学习风险投资，并尝试炒股。大学毕业后，郭威出于对风投的爱好，和对硅谷创业文化及创业者的崇拜，决心做投资。他用大学炒股赚的钱加上亲朋好友们的支持，开始在硅谷创业，但很快就遭遇了失败。

第一次创业的失败，对满怀梦想、充满自信的郭威是当头一棒。那时的他，心情非常低落，甚至将亲朋的鼓励当作是对他的同情。一次，他和父亲一起去看一场马拉松比赛，几名马拉松长跑运动员，在比赛过程中之间距离很近，但是一名紧随其后的运动员，在最后的100米突然加速，最终赢取了马拉松长跑的冠军。父亲对坐在身边的他说："看到没有，成功就在最后的100米，在这100米里，由于你力量的保持因素没有处理好，你失败了，如果你将失败当成动力，冲过这100米的挫折，成功最终还是属于你的。"

父亲的话让郭威不觉一振，头脑顿时清醒起来。是啊！自己为什么不在失败后正确面对自己眼前的100米呢？认识到这一点，他开始正确面对朋友们的鼓励。接下来，在朋友的带领下，郭威去看了硅谷最棒的孵化器路演，他看到那些被请去的投资人都是硅谷大牛，更重要的是整个路演日把硅谷情怀体现得淋漓尽致。他开始接受失败，开始认识到正是因为失败，硅谷才有了一个又一个"奇葩"的点子。在不断完善点子的同时，才成就了各种成功。硅谷创业者们有着不怕失败的冲劲，有着敢于颠覆的自信，为此，郭威的内心慢慢坚定起来，他对自己说："我要成为天使，最棒的天使投资者！"

有了目标，就有了希望。郭威开始募资，在硅谷、纽约和国内合作伙伴的帮助下，他开始到湾区和旧金山看各种项目。2013年年中，他在看了近千个项目后果断地投出了第一笔，虽然很长时间没有得到回报，但他认识到有些项目的回报是漫长的，不能操之过急。接下来，他将全部家当投给一个游戏团队，投资后，他甚至没有了吃饭的钱，好在那个项目很快就给了他五倍的回报。

郭威就是这样，认准的项目就会毫不犹豫地进行投资，而投资的成功让郭威更加坚定，也更加勤奋。每天清晨五点半，他就从硅谷最南端的圣何塞驱车出发，一路贯穿湾区的101公路再穿梭于拥堵的旧金山各个孵化器咖啡馆和创业公司。他赶大大小小的会，见每一个要约见的人。他还在硅谷、纽约、北京、深圳以及每一个国家和每一个城市游说他遇到的富一、二、三代们，让他们把买车的钱用来投资天使。两年来，郭威接触了1600多个项目，成功投资了26个项目，从基因工程改造到比特币平台，从最初投项目的表现平平到之后投资的公司业绩一直保持良好势头，还有一些公司他已经顺利拿到下一笔投资。

郭威的成功很快就引起了业界的关注，同时也引起了新闻媒体的关注。当记者采访这个年轻又充满自信的天使投资者时，郭威对记者说："失败离成功只有100米距离，正是我在失败后正确面对这100米的差距，才让我迎来了属于自己的成功。"

用诚信，让企业抬起头来

　　成立于1980年的康奈集团，其旗下的"康奈"品牌中高档皮鞋一直以高质量著称，深受消费者喜爱。康奈的商标，是一个昂头微笑的老人头像。对别人而言，这个商标似乎没有什么特殊的意义，可对于康奈集团的董事长郑秀康来说，它意味深长。

　　1987年8月8日，一个在商家看来绝对吉利的日子，杭州市中心武林广场却蹿起阵阵浓烟。在这一天，愤怒的杭州市民点起大火，将5000多双产自温州的假冒伪劣皮鞋化为灰烬。原来，温州一些技术落后、工艺水平低下的企业试图在邪道上一夜暴富，生产了大批用纸壳做底板帮头的皮鞋。这种鞋不能浸水、不能走远路，少则一天，多则五六天，鞋子就龇牙咧嘴。杭州人因此形象地称这种短命鞋为"晨昏鞋""星期鞋"。

　　杭州市民的这一把大火，竟引发了全国性的"火烧温州鞋"连锁反应，各地对温州鞋进行了"围剿"。一时间，温州与"造假"并称，"扬名"国内。"温州鞋不得入"的字眼深深触痛了同是温州商人的郑秀康。康奈集团虽说才成立几年，可这个鞋厂生产的鞋在上海一直销得很好。火烧温州鞋事件之后，上海许多商场都撤下了康奈集团的鞋。

　　此时，很多温州制鞋企业纷纷关门、转行。郑秀康的亲戚朋友也劝他关掉企业、另起炉灶，别再做鞋了。郑秀康却在温州鞋业最一蹶不振之时，带头把自己的皮鞋注册为"温州皮鞋"，并把一个昂头微笑的老人头像当作商标。

　　大家都说郑秀康疯了，郑秀康却说："因为一些假冒伪劣，所有的温州鞋都'低头'了，我们温州商人更是抬不起头来。如果我此时转行，那我将一辈子被别人贴上'爱做假货的温州商人'的标签。俗话说，在哪里摔倒，就要在哪里爬起来。我不仅要继续做鞋，还要让自己抬起头来，让企业抬起头来。只有那样，消费者才会改变印象，温州鞋才能翻身。"

与此同时，温州市政府也提出"信用温州"的口号，设立了全国第一个全市性的"诚信日"。经过10多年的卧薪尝胆，康奈终于和其他品牌的温州皮鞋一起走上了成功之路。1999年12月15日，温州商人将从全国各地收缴来的2000多双假冒伪劣"温州皮鞋"付之一炬；2007年8月8日，温州商人在杭州武林广场又烧了一把大火——诚信之火。加上1987年的那把火，三把火成就了涅槃的凤凰——如今，温州已被评为"中国鞋都"，在全国307个"真皮标志"皮鞋中，温州就占了178个。

在这二三十年间，康奈集团也飞速发展，它在全国开设专卖店2300家，鞋子远销世界四十几个国家和地区。因为一个抬头商标，郑秀康让企业突出假冒伪劣重围，获得新生。他的成功故事，被温州人传为佳话。

梦想，从菜市场开始起飞

"您好，我要1斤小芹菜、1斤纯瘦肉、3盒土鸡蛋。"规模不大的菜市场内，一个学生模样的女孩每天都会手提购物篮，面带微笑地在各个摊点来回穿梭，老练地挑选、采购各类菜蔬。她轻快的身影犹如一只勤劳的蜜蜂，不免引得人们好奇地多看两眼。

她叫楼莹莹，是一名刚走出校门的大学生。几个月前，她还在为了保住试用期的工作而伤透脑筋，如今却成了居民区家喻户晓的"送菜天使"。她打造的"菜场O2O模式"——菜易购，让买菜变得像手机逛淘宝一样简单。只要你选好菜品，通过微信、电脑一键下单，她的团队就会在一小时之内为你送菜上门。其方便、快捷、实用的功能和周到的服务模式大受附近居民尤其是90后年轻家庭的欢迎，每天的订单让楼莹莹她们忙得不亦乐乎。

楼莹莹出生在一个普通的工薪家庭，大学毕业后，她被一家金融机构暂时留用，三个月的试用期满后，才能决定最终的去留。这三个月，尽管她很努力地工作，但还是因为没有完成一定的业务量而惨遭淘汰。失业后，她在家安安静静地待了一个月，认真地思考自己想要的未来。那段时间，她几乎每天都要陪妈妈上街买菜。买菜的过程中，她发现很多像她一样的年轻人买菜时分不清菜品名称，不会讨价还价，辨认不出菜品的好坏且行色匆匆地赶时间。"我可不可以做个菜场O2O模式专门帮需要的人买菜？"楼莹莹从中发现了商机。想法很美好，但实现起来可不那么简单。在父母的支持下，楼莹莹联合了几个同学正式推出了她的菜易购。尽管微信朋友圈、QQ、菜场入口等都有她们的广告，可订单却寥寥无几。苦苦支撑了一个月后，楼莹莹有点心灰意冷了。

一次，她对正在看电视的妈妈说："真羡慕电视剧里那些生活条件优越的人，不用吃苦受累，应有尽有。"妈妈说："还记得小时候我给你讲过的一则寓言故事吗？有一头猪说，假如让我再活一次，我就做一头牛，工作虽累点，但名声好，让人爱怜。可牛说，假如让我再活一次，我要做一头猪，吃罢睡，睡罢吃，不出力，不流汗，活得赛神仙。鹰听了说，假如让我再活一次，我要做一只鸡，渴有水，饿有米，有住房，还受人保护。鸡却说，假如让我再活一次，我要做一只鹰，可以翱翔天空，捕兔捉鼠……"

　　听完妈妈语重心长的小故事，楼莹莹如醍醐灌顶。此后，她用十二分的精力投入到她的菜易购里，她和团队深入菜市场调查行情，精心设计了购菜流程，并承诺从选菜、过秤到菜品都做到保质保量，所有产品均不高于摊位的零售价格。她们对菜市场内的每一个摊位都做了详细的了解，把每一款菜品的图片、产地、规格、库存、价格等信息都及时更新公布。天道酬勤，被她们的诚意打动，一些年轻的家庭开始接受她们的服务模式。慢慢地，她们细心周到的服务赢得了良好的口碑，方圆两公里的居民亲切地称她们为"送菜天使"，他们由衷地喜欢这些稚气未脱却努力坚持梦想的孩子们。

　　下单、选购、检验、送菜，楼莹莹和十几个队友忙得团团转却满心欢喜。对于后期的发展，楼莹莹有许多规划——要在各小区驻点并设立带冷藏功能的储存柜，要覆盖更多的农贸市场，让自己的创业梦从菜市场起航。2015年3月，菜易购迎来了第一轮风险投资，发展如日中天。

　　面对菜易购的成功，有人问楼莹莹，怎么想到在琐碎的菜市场追逐并坚持梦想呢？她说："是妈妈讲的小故事让我懂得每个人都有属于自己的精彩，与其花时间羡慕别人优渥的生活，不如脚踏实地经营自己的每一个梦想。"只要心怀梦想，用心经营，哪怕是以不起眼的菜市场为阵地，也会给梦想插上飞翔的翅膀。

最美的花只绽放在适合的地方

谢邦鹏用了11年时间，把自己打造成一个不折不扣的清华人。令周围人大跌眼镜的是，博士毕业之后，谢邦鹏竟放下博士身段，默默选择到网电上海浦东供电公司基层某单位，当了一名工人。

不是没有橄榄枝伸向谢邦鹏。还没毕业，他就收到两个含金量很高的OFFER。国网总部和国网四川电力总公司有意网罗人才，而搞电力研究的谢邦鹏博士早已名声在外。可是，谢邦鹏想：再好的单位充其量也就是搞搞研究，或者当个小领导。如果理论不能用于实践，研究再深有什么用？知道自己真正需要什么的谢邦鹏，在收到两个OFFER之前，就做出了"到一线基层去工作"的决定。他并没因OFFER的诱惑，而改变自己的决定。

少数知情好友和家人劝他："到那种小单位，一辈子没有出头之日也有可能。千万不要头脑发热。"众人就更不理解了，一个清华博士为什么会选择去当小工人，那不是大材小用吗？谢邦鹏却"一根筋"到底，2008年，他背起行囊义无反顾地到了上海浦东电力公司，在基层某班组当了一名普通工人。

到一线的第一天，满脑子数据图纸创新理论的谢邦鹏，面对各种线头、按钮、螺丝的实操，就蒙成一只大菜鸟，他啥也不会。第一个星期上班，他只有跟在班组师傅屁股后面全程陪站的份儿，因为不会和不敢，谢邦鹏连手都不敢伸一下。第二个星期上班，他换了个位置，站到了师傅身边：边仔细看师傅的操作边问问题，还时不时地在小本上记要点。半年之后，他就主动向班长要活干并能独自操作了。一年之后，他就成了班组中当之无愧的"劳模"：加班最多，接线最多，拧螺丝最多，读图纸最多，做笔记最多。曾经菜鸟的谢邦鹏，此时早已独当一面了。

工作了3年，积累了丰厚的实践经验之后，谢邦鹏才感到自己的羽翼渐丰、心里不空了。在一线基层，他找到了许多大显身手的机会，将高深的理论知识，转化到实践中去运用，去解决问题。近3年，谢邦鹏主导完成了27项发明，涉及管理、研究、实操各个领域；发表了8篇中英文论文。事实证明，谢邦鹏当初的选择是正确的。

他特别得意于那些实用性很强的小发明。比如，谢邦鹏用电力控制理论研究出一套能准确计算线路损耗的方法。之前工人们都是用"毛估"的方法，自然不准确。再比如，谢邦鹏研究出了一种远距离遥控投退闸，省了工人们到实地投入、退出来回跑的麻烦。最被一线工作的同事所称道的是，谢邦鹏开发了一套为工人量身定制的电器拆卸工具，同事们说这套工具用起来顺手多了。谢邦鹏认为："实用性最强的小发明，才是最有生命力的创新。"

得知谢邦鹏不断获奖的消息，在电力总公司的表彰大会上，谢邦鹏的博导及中科院院士卢强，以现场录音的方式，力挺自己的弟子说："当今社会，更需要有丰富实践经验的高技能型人才，只有像谢邦鹏这样到一线去锻炼，才能让自己更强大。"

从清华大学出来的同学，一般有出国深造的，有做学术研究的，有在高校当教师的，有在领导岗位的。而同样出身名校的谢邦鹏，却老老实实地行走在浦东的大街小巷，每天做着一个普通电工常做的那些事：检修设备，排除故障等。

6年后，谢邦鹏的故事引起了电力总公司的高度关注，记者争相采访他，被问到最多的问题是："一个在清华读了11年书的博士生，选择到一线基层做一个电工，你真没觉得大材小用吗？"谢邦鹏笑着回答："一颗种子再优良，也得遇到合适的土壤，才能开出最美丽的花。而一线和基层，就是最适合我的土壤。"当记着又问："6年前后，你认为自己的最大变化是什么？"谢邦鹏幽默地说："从普通电工当上了电工班长，就是我最大的变化。"

你的才华总会找到合适的舞台

闫妮18岁考上了一所财经学院。大学毕业后，和许多同班同学一样，按照家人的要求，她找了份专业对口的会计工作。可是，她对枯燥的数字根本提不起兴趣，整天迷迷糊糊，朝着外面的天空发呆，就想着辞掉这份工作。母亲劝她："女孩子，做个会计挺好的，不脏，不累，不重。"她对着母亲淡淡地一笑，毅然辞掉了这份来之不易的会计工作。

辞职后，待在家里的闫妮发现自己迷上了表演，常常为电影中演员的出色表演如痴如醉，拍手叫绝。她发现模仿表演的时候，自己再也不迷糊。她知道，这是自己真正要走的路。经过刻苦训练，她考上了兰州军区战斗歌舞团，然后到解放军艺术学院学习表演，毕业后分到空政话剧团，成为一名专业演员。天道酬勤，12年后，她凭借在《武林外传》中成功饰演风情万种的佟湘玉而一举成名。2009年一部火爆大江南北的《北风那个吹》，一个唯一被载入中国电视剧历史年鉴的女性角色—牛鲜花，它让闫妮横扫了两年之内六大电视剧盛典最高奖项，问鼎了中国电视剧含金量最高的飞天奖和金鹰奖，实现了"视后"大满贯。2011年贺岁档闫妮主演的电影《武林外传》《最强喜事》均取得了过亿元的票房佳绩。

现实中的闫妮和剧中精明算计的佟湘玉相差甚远。和她合作过的一个明星直言不讳："人家丢三落四，闫妮是丢五落八。"闫妮微笑着说，母亲现在还会给她打电话念叨，"幸好你没干会计，要是让你管钱，人家肯定得把你法办了。"

还有一个女孩，与闫妮的人生一样。她是柴静，17岁那年考上长沙铁道学院会计专业。为什么要学这个专业呢？母亲说祖上开过票号，再说山西人天生会算账。但她觉得自己并不适合做会计，无法成为那种中规中矩的会计。别的女孩子的课本永远是干净整洁，重要的知识点下永远有用尺子打着的红线，可是她的课本，永远是卷着边的。她是班里最沉默、最灰色、最普通的孩子，不爱张扬，学习成绩在班里从来没有进过前十名。

大学毕业后，柴静的工作已经分配好了，是一份稳定的会计工作。然而当时的她，并不想选择这条路。平时听话的她不顾妈妈的劝阻，听从内心的声音，去了湖南文艺广播电台，做一档名叫《夜色温柔》的晚间谈话节目。"关键不是别人给我做什么，而是我要做什么，然后就是寻找一个空间去做。"从她瘦弱的身上，我们能感受到一种拼搏之美。三年后，她北上，寻找更大的舞台，到了央视《新闻调查》节目做记者。跋山涉水，她却乐此不疲，辛苦并快乐着。"我应该是历史上最糟糕的会计之一。"，已经成为央视知名主持人的柴静给自己这样一个评价。2010年11月5日，主持访谈节目《面对面》的柴静当选央视年度"十佳主持人"。当热烈包围世界，柴静以冷静的姿态飞渡。内心有海量，她亦是一片海。心怀有梦，俯身为蓝，总向着最蓝的那片海域飞翔。

闫妮，也许不是一名好会计，却成为一名优秀的影视演员；柴静，也许做会计真的会糟糕，却成为一名目光犀利的新闻女侠。

人生都是在不停变换着，有许多人终其一生在一条道路上奔走，但他们没有想过，这条道路适合不适合他们。而有些人，能够把握自己的优势，让自己走在属于自己的道路上。那么，该如何选择自己的道路呢？木桶理论说：一只桶能盛多少水，取决于最短的那根木板。没错，但我们毕竟不是死板的木桶，而是变通的有思想的抉择者。陈景润教不好中学数学，却能证明出哥德巴赫猜想；沈从文在西南联大课堂上说得结结巴巴，却写得风生水起，成为文坛大家。对闫妮，会计是短板，表演是长板；对柴静，会计是短板，新闻是长板。

成功者大多都不是"略懂"的平均主义者，而是独树一帜、独当一面的"精深"专家。一个人能登多高、能走多远，最终还是决定于自己最擅长、最精通的专业能力。人生就是这样，总有适合你的一份工作，总有展现你才华的舞台。关键是你要学会变换，敢于变换，才能活出最精彩的自己。

自信，才是最好的

　　格林是一个孤独的孩子，他没有朋友，他每天独来独往，不跟任何人说话。格林的父母听老师说他在学校很孤单，上课也从来不回答问题，从来不跟同学交流，成绩一直上不去。父母很为格林担忧，不知道这孩子是怎么了。于是，父母把格林送到医院去检查，检查的结果是格林没有任何疾病。父母束手无策，更加忧心，这可怎么办啊？

　　孤独的格林不但没有朋友，在学校里还经常受到同学们的欺负，大家都说他是哑巴。每当格林听到同学们说他是"哑巴"，他就会跳起来，冲同学吼道："你才是哑巴呢！"同学们听了就会嘻嘻哈哈笑起来，说："原来你不是哑巴啊！"格林很生气，可也无可奈何。他不敢动手，一旦动起手来，同学们一哄而上，非把他打倒在地上不可。

　　父母看到一脸阴郁的格林，知道他又被同学欺负了，就更为他担心。长此以往，格林只怕会走向极端。这天晚上，父亲对格林说："我知道，其实，你有很多心里话，可是你不敢表达出来，这样吧，你回你的屋子，把门关上，你对着墙壁说，没有人会听到你说什么！"格林真的进了自己的屋子关上门，然后对着墙壁说了起来。

　　格林说了一句又一句，一下子就说了几十句，把他的许多心里话都说了出来。从此之后的每天晚上，格林都会关上房门，在自己的屋子里对着墙壁说上几十句话。格林越说越流利，越说越有精神，越说越觉得自己有说不完的话。因为说了许多心里话，格林非常轻松，心情非常好。

　　父亲发现格林比以前更精神，也更快乐，便对他说："你既然跟一堵墙壁都有说不完的话，面对鲜活的人，你应该有更多的话要说。以后，你就多跟我们交流吧。"格林听了点了点头。

每天，格林都会跟父母说上很多话。格林从父母那儿得到了不少信息，还跟父母增进了感情，他发现说话原来是那样快乐。于是，他开始跟班里的同学们说话了。格林的话匣子一打开，就跟同学聊得十分开心。同学们都暗暗吃惊，他们没想到格林有这么多话，还能说得很有水平，大家都不再叫他"哑巴"，纷纷跟他交朋友。只要格林一说话，大家就会围上去跟他聊起来。格林从中得到了不少乐趣，每天他的脸上都洋溢着灿烂的笑容。

格林成为班里乃至学校最受欢迎的人，不管是班里还是学校举办活动，格林都会成为小主持人。只要有格林在台上，就能调动气氛，就能让人感到兴奋、感到快乐。

许多年后，能说会道的格林成为英国一家电视台的节目主持人，同时，他还有另外两个身份：演讲家和谈判专家。在一些大型晚会上，人们经常看到他的身影。由他主持的节目，收视率很高。格林成为英国最受欢迎的主持人。

有一天，格林在演播室里接受采访，主持人提到他小时候的故事，问他从一个"哑巴"变成一个"话匣子"，这里面有什么秘密没有。格林笑着说了父亲让他对着墙壁说话的故事，他说："以前我之所以是一个'哑巴'，是因为我非常害羞。自从我对着墙壁说话后，我找到了自信，于是才敢于说话，敢于交流。其实，自信就是最好的口才。只要你敢于表达，你就能说出你的精彩！"

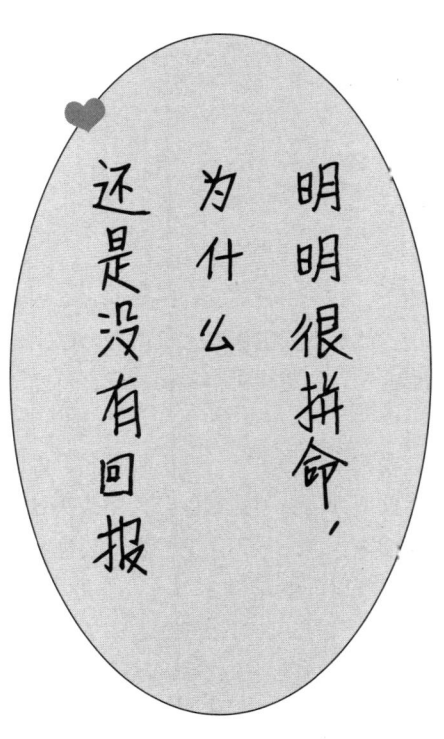

明明很拼命，为什么还是没有回报

懂一百个道理，
不如懂一个方法重要；
一百次的感动，
不如一次行动有帮助

明明很拼命，为什么还是没有回报

在我床头的书桌上，刻着一行英文：If you can not do, teach.（如果你自己做不到的话，就教别人去做吧。）做老师以来，我一直把这句话当作警钟。这是对那些可以把道理讲得头头是道，自己却做不到的人的莫大的讽刺。

我有一个朋友，人称"道理王"，在引经据典、讲道说理方面，堪比东方不败。从古埃及文明到比特币他都能分析得头头是道，对娱乐八卦和婚姻人生也可以娓娓道来。加上他不俗的外表，让每个和他聊天的人都如沐春风，女生更是恨不能以身相许。

当时，我和他都在北京打拼，合租蜗居在中关村一个十几平方米的小屋里，这里是北京最繁华的地段之一，尽管屋小，每月的房租却不低。

有一天下午，我和他坐在窗边。他右手两指夹着一支烟，猛吸一口，再缓缓吐出一个大烟圈来，对我说："艾力啊，我最近认真研读了一本关于理财的书，你说现在存在银行里的钱每天都在贬值。要成功，要在北京混下去，而且混出个模样来，靠在公司做一个小职员，就算每年涨一点工资，五年升一次职，这辈子也没什么前途。要想出人头地，一定不能走寻常路！咱们凑点钱，做贵金属投资吧……"

后来，因为工作的关系，他搬走了。但每隔一段时间，他就会打电话告诉我，他又换了工作，进入了新行业，或者又发现了短期内挣大钱的方法。但无论是新行业还是新投资方法他都没有最终坚持下来，因此他也成了一个后悔药的长期服用者。

这个世界上有爱讲道理的人，更有爱听道理的人，总会有许多追随者通过各种渠道，来获得自己想要、需要或者觉得不得不要的道理。

可是，这些道理真的那么有用吗？听完英语学习讲座，立刻发誓在半年内拿下GRE、托福，在一年内拿到美国名校的offer，可每年拿到奖学金的人永远是少数；听了知名企业家的演讲，甚至只是看到一个励志的金句就热血沸腾，开始幻想自己好好拼一把也能出任CEO，迎娶"白富美"，登上人生巅峰；看了情感专家的微博分享，就决定做个"不忘初心，岁月静好"的女子，等着"高富帅"驾着七彩祥云来拯救平凡的自己……

只靠读道理，就妄图懂人生，这就意味着，大多数人实现不了自己的梦想。甚至，你要明白，有些成功人士，会在上楼后抽掉梯子，再告诉想要努力向上爬的你："我当初就是通过努力飞上来的，你也可以。"

但生活之所以精彩，就是因为总会有奇迹出现。关键是，你要掌握打开奇迹的钥匙——正确的方法。

上中学时，父亲就告诉我："懂一百个道理，不如懂一个方法重要；一百次的感动，不如一次行动有帮助。"到目前为止，我那一点小小的成功，很大程度就是源于对这句话的领悟。

几乎所有的人都害怕公众演讲。和很多人一样，我从小就特别渴望在众人面前出色自如地表达自我，但无论我怎样尝试似乎都无法达到预期。我又是一个很容易紧张的人，性格有些怯懦。后来，我进入新东方当老师，不得不面对成百上千，甚至上万的学生。为了练好这个当老师的必杀技，我几乎看了所有能找到的讲解演讲之道、演讲技巧的书籍。曾经有那么一阵儿，我甚至变成了自己讲不好，但能教别人讲好的神人。

有一天，当我又一次在空无一人的教室里模拟演讲时，一位同事走进来，看了一会儿说："你意识到自己存在的问题了吗？如果没有，这样讲一万遍也没有用。"

在他的建议下，我采用了"刻意练习"的方法。"刻意练习"是佛罗里达大学的心理学家K.Anders Ericsson提出的一套练习方法，方法的秘诀在于重复与反馈。

首先，练习者需要建立对正确方法的认知。以演讲来说，必须真正去了解什么是好的演讲，而想要达到这一点，仅靠读抽象的书籍是不够的。因此，我找来了几乎所有名家的演讲视频，反复观看、揣摩其中的精妙之处。有机会我还会去现场听一些名人的演讲，现场感受那种万人欢呼、掌声雷动的氛围。

接下来，我进行了练习——反馈——练习的循环训练。刻意练习，是以错误为中心的练习，练习者必须建立起对错误的极度敏感，一旦发现自己错了会感到非常不舒服，然后一直练习到改正了为止。

无论是模拟练习，还是上台讲课，我开始有意把自己的演讲录成视频。回到家，再反复观看这些视频。一开始，看到视频中的自己会很不习惯，而且会发现很多之前自以为表现良好的地方实际却并非如此。像大多数没有受过播音、形体方面专业训练的人一样，讲到激动处，我会使劲挥舞手臂，幅度大到在镜头上看不到我的脸，只看到一只手挥来挥去，身子也随之摇晃，没有力量；我还会经常重复"这就是说""也就是说"等口头禅，英语中就是"so…so…that…that…"；对于熟悉的内容，我通常会讲得很快，节奏感不强。而最要命的是，我没有镜头感，无法让听众感觉到我在注视着他们，在关心他们的反馈。

我把这些需要改进的问题用本子记录下来，不断进行纠正，并且与下一次的公众演讲视频进行对比，直到某个问题完全不再出现时，我才会把这个问题从本子上抹去。

经过无数次的练习之后，我不但对于新东方的课堂演讲驾轻就熟，而且还成了一名演讲师，站到了拥有成千上万观众的新东方"梦想之旅"系列演讲的现场。

我自然算不上天才，对于自己通过一番努力取得的这一点进步，我的感触就是，世界上哪有什么成功的捷径，当你学会把最简单的事做到极致时，成功自然也就离你不远了。

这一路走来，尽管我对"那么多的道理"有成见，但这并不代表对此我不学习、不懂得，或者不在意。而是我明白，有时候，道理懂得越多，给自己的束缚也就越多。不同的道理之间又常有矛盾，不同的建议之间也会有冲突，心灵鸡汤喝多了，味道也不同：有的咸，有的甜，有的辣。吃多了，肚子会坏，步子会慢，脑子也会乱。况且道理听得再多，也是别人的经验。只有通过实践，才会变成自己的东西。带我前行的，始终是那个看似渺小却埋头苦干的我。

感谢那个从不懈怠的自己

7岁时的那个夏日，我拎着镰刀，跟着母亲去收麦子。

母亲的胳膊一划拉，就揽住了四行麦子，一镰下去，都放倒了，脚一挑，就是一堆，割得很快。我只割两行，也只是一行一行、一小把一小把地割。很快，我就被母亲远远地甩在了后面。我想赶上母亲，可心里一着急，手底下就出错了。

一镰刀下去，没割到麦子竟割破了自己的鞋面，还有脚背，疼得直龇牙咧嘴。脱了鞋袜，一道血口子。我没喊也没哭，就像母亲平常处理伤口那样，抓了一点土，在手里捻细，然后撒在淌血的伤口上。看着母亲不直腰地割着麦子，我将脱下来的袜子悄悄塞进兜里，忍着疼往前赶，只是割得更慢了。

母亲性急，头也不回地催促着："快点，手底下快点。"她已经打了个来回，折到我的跟前。见我绷着脸慢吞吞的，她轻轻地踹了我一脚，骂了句"慢腾腾，没听见麦子都炸开了"，而后她继续弯腰卖力地割。

天热得让人直流汗，汗水沁到伤口上钻心地疼。那天临近傍晚，收工回来，母亲照例拉我到池塘边冲洗，我死活不下水，她才瞅见我没穿袜子的那只脚，还有脚背上的伤。"没事，都结痂了，两天就好了。"母亲说时语气很轻松，就像受伤的是别人家的孩子。

她或许不知道，一个7岁的孩子，受伤了很疼，想休息却不忍心丢下母亲独自割麦子的矛盾心理吧？

如果可以，真想去抱抱那个瘦弱的小姑娘。我的脸颊会轻轻地贴在她的小脸蛋上，说，好样的，你真是个乖孩子。

10岁那年，我上三年级，考试没考好，很伤心，老师表扬别的孩子就像在批评我。母亲从没问过我的成绩——农活多得她都没时间直起腰来，哪会关心这些事？可我却不敢直视母亲的目光，似乎她什么都知道。

那时，一块橡皮2分钱，一支铅笔5分钱，一个本子8分钱。家里不会随便给我钱买这些，可努力学习的这些是必须要的。怎么办？贫穷能生出智慧。电池自是稀罕东西，我家里有一把手电筒，但经常舍不得用，怕费电。我好不容易在亲戚家找到了一节废电池，砸开，取出碳棒，从此，我拥有了一支可以长久使用的"笔"。

学校的操场是我的练习本，碳棒是笔，反反复复写，边写边背。有同学从我身边走过，像看怪物一样看我：学得不好，还显摆这点学问？我才不在乎别人的目光，只知道要好好写，好好背。哪怕会了，还继续写，当练字。就那样，脑子并不灵光的我，渐渐地靠拢了优秀生。

如果可以，我想回到过去，抱抱那个蹲在地上认真书写的小女孩，我会在她耳边轻声告诉她：想办法自己拉自己一把，为你的优秀自豪。

14岁那年，上初二了，我养成了写日记的习惯后，作文变得挺不错了。只是，我不是一个长得清爽且伶牙俐齿讨人喜欢的孩子，或者说，我那张皮肤黝黑又绷很少露出笑容的脸很不招人喜欢。

语文老师很是奇怪，每次讲评作文，都会先说一句"这次作文写得好的有某某、某某等"，而后将点到名的学生的作文当范文读，最后总说一句，"时间有限，其他的就不读了"。我从来没被点名表扬过，作文自然也没被读过。而翻开作文本，评语、分数和优秀的一样——我一直在"等"里面，这让我欣慰又窝火。而在初一，我的作文总被前一任语文老师当范文的。那一年每次上作文课，对我都是一场折磨，恨不得将头深深地埋进课桌兜里。而握起笔，又告诉自己要认认真真写出自己最好的作文。

下学期的3月份，县里举办了一次中学生作文比赛，我是全县唯一的一等奖，也是我们学校唯一获奖的。颁奖回来，学校又召开了一次师生大会，让我在大会上读自己的获奖作文。读着读着，我的声音哽咽了。下面的掌声响了起来，他们一定认为我是声情并茂。那一刻，我终于将自己从作文讲评课上的那个沉重的"等"里面解救出来了。

如果可以，我想回到过去，抱抱那个少女。我会揽着她的肩膀说：你好厉害，陪自己走过了泥泞与黑暗！

再如果可以，我还要抱抱那个在别人都已酣然入梦却依旧点着蜡烛勤奋学习的18岁少女，没有她的刻苦劲，我怎么会在千军万马过独木桥的高考中顺利跨进大学的校门？

回望走过的路，点点滴滴都是付出和努力，如果可以，我真的想回到过去，抱抱每一阶段里从没懈怠过的自己。感谢她们一路扶持，才让今天的我没有让自己失望。

不要事到临头，才想起要努力

明天就要考雅思了，可是我到现在连书都没翻过几次；

下个周末就要考注会了，可是我一点都没准备啊，我该怎么办；

后天就要交论文了，可是我连论文题目是什么都不知道；

还有几天就是全公司大考核了，我不甘心在这个没前途的岗位，可是我什么也不会啊；

命运之神到底是什么样呢？

她有样貌有身材有家世有数不清的宠爱，所有人都把她捧在手心里，高高在上，闪闪发光，是个娇气的小公主。

她家在农村从小懂事听话熬夜学习受了委屈咬牙坚持不肯掉一滴眼泪拼了命也只换来一个普通人的一生。

对啊，命运就是不公平的。

上帝给你关上了一道门，就会给你打开一扇窗。

它拼命给别人送礼物，爱情，才华，天赋。

你一个劲地冲它笑，它反手给你一耳光，打的不过瘾，又是一耳光。

你能怎么办呢？

大哭大闹撒泼打滚对着全世界喊冤枉，可是生活不是判案啊，没有铁面无私的包大人站在你身边替你平反昭雪。

最后还不是只能抹把眼泪，抱抱自己，接着笑靥如画走下去。

有一句话，什么时候努力都不晚。

所以，总有人用这句话安慰自己，今天拖明天，明天拖后天，日复一日，直到拖不下去为止。

可是说实话，你最后奋发真的赶得上那些从未放弃孜孜不倦往前奔跑的人吗？

也不是没可能，天才总是有那么几个的。

一个小伙子和我抱怨，也想努力做一件事，做精细，做透彻，可总坚持不下来，最后落个日复一日蹉跎人生的悲惨结局。

他说自己从小就很聪明，小时候他觉得自己会成为一个不一般的人。

后来长大了，却发现自己的聪明没用对地方。

别人做调研跑市场用了整整一个月才搞定的任务，他用一个星期就完成了。

大学的时候，室友认认真真泡图书馆看专业书，而期末考试他随便瞟几眼居然也能过。

我羡慕地说，那真好啊，余下来的时间你都可以做自己喜欢的事情，真幸福。

可他却回复我，没找到喜欢的东西，多出来的时间也被浪费了，在刷微博看视频的不断转换中悄悄溜走了。

再回首，青春一晃而过，在他的记忆里，什么都没留下。

学校里，专业考试过了，却也是勉勉强强飘过，和班上大部分人一样。

公司里，业务技能没有很生疏，却也谈不上熟练。

爱情呢，遇到一个一般的姑娘，说不上多喜欢，也没有很讨厌，结婚还行。

他说，有天看我的文章，醍醐灌顶，再这样下去，恐怕就应了那句老话，最怕你一生碌碌无为，还安慰自己平凡可贵。

我可是要当英雄的人啊，这是他回复我的最后一句话。

［3］

有时候觉得未来是最好玩的一件东西，如果它是一个软绵绵的面团，最后被捏成什么样子恐怕最终的决定权还是在我们自己手上吧。

一个朋友的朋友，现在创业开公司，带团队，拿到了天使轮。

他出门就是穿金戴银，名表配西装，名车配美女，简直金光闪闪亮瞎大家的眼。

看上去真的挺好的，可是能有什么用呢？

圈子里的人都知道，他最喜欢的姑娘在他最窘迫的时候离开了他，那年他欠着外债，家里尚有重病老人。

同学聚会的那天，他喝高了，当着全班人的面，扯着那姑娘的衣角，哭着喊着说不要分手，他会努力，可姑娘依旧走了，连个背影都没留下。

现在他功成名就，金光闪闪，却只口不谈爱情。

［4］

以前在外地打工的时候，租的房子在偏僻得不能再偏僻的犄角旮旯。

我喜欢去楼下的早餐摊子买碗热干面，发工资有钱的时候就多加一碗馄饨，月底没钱的时候就只吃一碗热干面。

早餐摊子的大叔每次都送我一杯豆浆。一开始我以为是送的，大家都有，还傻啦吧唧地说，再来一杯。

有天突然发现除我之外，其他人都是付钱的，脸上简直就是大写的囧。

我要给钱，大叔不让，说我总照顾他生意，一小姑娘在外地打工也不容易。

我也只能尴尬地笑笑，偶尔给大叔带点水果什么的，渐渐地就熟了，我也能偶尔去蹭个饭，周末不加班的时候也帮大叔看个摊。

大叔每天早上四点起床，准备早餐的一切事宜，磨个豆浆，炸个油条……忙下来就是一早上，然后等我们这些上班的人起床吃早饭。

大叔中午过后还会去菜市场门口，顶着大太阳推着一个小推车，在那附近卖菜，直至落日黄昏。

大叔说起这些的时候，笑得异常灿烂，我听着却有点心酸，大叔头上的白发，额前的皱纹告诉我，本该是颐养天年的岁数啊。

问起原因的时候，大叔只是说，女儿女婿贷款买了房，还差二十万，自己想努力帮衬着点，趁自己还干得动，多挣点钱，帮女儿攒着。

那一瞬间我真的不知道该说什么，只能使劲低着头，望着地面。

[5]

以前看过一部电影《万箭穿心》，最开始特讨厌女主人公，尖酸刻薄为人有些自私自利。

当看到她老公出轨的时候，我心里暗暗想，这样的女人，恐怕谁和她在一起都会受不了吧。

东窗事发后，女主人公就各种闹，各种耍性子。

最后男主人公跳河自杀，未曾给她留下一言一语。

接下来的故事莫名变得悲情，为了养活儿子读书，她放下了固定工作，拿起了扁担，当上了替人挑货的棒棒。

她自己省吃俭用，在棒棒餐馆只敢点不加肉的素菜，却把挣得钱都交给孩子的奶奶，嘴里一直说着，一定要让儿子小宝吃好，要有营养，荤素搭配。

十年一晃而过，在这十年里，儿子小宝一直不肯原谅她，从未叫过她一声妈。当小宝录取通知书下来的那一天，也是小宝十八岁生日。

小宝让她把房子过户到自己名下，并赶她搬出去。

白茫茫一片真干净，若说起命运，她一天好日子未曾过上，前半生婚姻不顺，后半生疲于奔命，到老了，落个六亲不认的下场。

[6]

大家都说，命运自有它的安排。

可是我想说，只有努力到无能为力，才有资格说听天由命这种话。

出身农村，你不努力学习没考上大学，高中毕业就被嫁出去养猪种地带娃，那怪不得谁。

身在大学，你浑浑噩噩混日子没找到好工作，后半生碌碌无为处境窘迫，那也怪不得谁。

天天嚷嚷着梦想，却从未付出货真价实的行动，最后屠龙梦变成了白日梦，更怪不得谁。

若说命运不公平，给了一副烂牌。

我高中留守儿童，一个人守着硕大的空房子，一个人睡觉，上学，顶着四十二度的高烧去医院打针。

我大学自己挣学费，生活费，偶尔还要给老家的外婆寄钱，熬夜写软文顶着烈日发传单。

讲真，我不觉得自己摸到了好牌，但是我见过比我还难的。

大家的路都不好走，不是只有你受尽委屈。

不要等到走投无路的时候才想起努力
愿你不浪费时光
不模糊现在
不恐惧未来
愿你变成更好的自己。

我想去远方，放下所有的羁绊

一日，友人让我描绘心中的梦想。我不假思索地回答：希望有一天我来到布拉格老城广场，走进一家咖啡店，坐在临窗的位置，看着窗外一幢幢写满沧桑、风格各异的楼房，金色的塔，红色的顶，灰黑色的墙，还有天上云卷云舒，地上人来人往，耳边传来街头艺人的低吟浅唱，心中没有念想，一任时光静静流淌……

说完这些，我自己也感到讶异，为什么会有这个念头？

是因为喜欢去远方？旅行我喜欢，但并非酷爱。有闲情逸致，或一人河边垂钓，或三两朋友小酌海聊，抑或回老家看望久病的老母也行。布拉格是一座七彩之城、爱情之城，如同一首叫《布拉格广场》的歌中所唱，"琴键上透着光，彩绘的玻璃窗，装饰着哥特式教堂，谁谁谁弹一段，一段流浪忧伤，顺着琴声方向看见，蔷薇依附在十八世纪的油画上，在静静地欣赏，在想，是否多久都一样……"而我走过国内外上百座城市，许许多多风景、文化、人情、习俗特色鲜明的城市都给我留下了难忘的印象，当然还有更多的地方值得去探访。

想到这里我方明白，我心中梦想的内核，是没有任何念想。

我想去远方，放下事务与羁绊。我佩服那位辞职女教师，她的辞职信就十个字：世界那么大，我想去看看。我想同她一样，放下身心不能承受之重，去远方，去布拉格，去欣赏那七彩斑斓，去品味甜蜜温馨，去感受欢乐祥和。六世达赖仓央嘉措的诗歌非常优美，我记得最牢的一句是：住进布达拉宫，我是雪域最大的王；流浪在拉萨街头，我是世间最美的情郎。而我，就想撕开缠我太久的面纱，去布拉格流浪。

只是，我知道我不能。太多的责任与担当，像沉甸甸的石头，怎能够放下？再重，也得背上，向前爬！

　　我更懂得，身上的石头放不下，心里的石头我必须要放下。只有心里的石头放下，才是真正地放下。智者说，人生有八苦：生、老、病、死、爱别离、怨憎会、求不得、放不下。智者又说，命由己造，相由心生。世界万物皆是化相，心不动，万物皆不动；心不变，万物皆不变。我说，万事万物只要践诺于行，只求无愧于心；只要付出了，就别去问结果；只要用心了，又何苦求极致。我还想说，无名无利之人，亦就无畏。多远的路算前程？多少的钱财算富有？我们该追求的，应是不以物喜，不以己悲；拿得起、放得下；真看破、真自在！这是一幅多美的图景啊！人生若此，夫复何求？！

　　我说完，友人深以为然：等你有一天去布拉格广场，我希望坐在你身旁。

别只羡慕和嫉妒，你要努力

我少小离家，多年生活在小县城，被别人看作城市人，自己觉得奋斗多年，混得不怎样，但是衣锦回乡，就会被人羡慕。最羡慕的有两点，一是挣钱多了点，二是工作轻松，不像发小们在家务农，黑汗白流，奔波得腰酸腿痛。

我家邻居发小，小学毕业就在家务农，改革开放后，也常常出去打工，生活也还算小康，他经常羡慕我——你看你，坐着就把钱挣了。我说自己还是累，他说，你整天坐着，你累什么？村里的乡亲，也经常问我的收入，羡慕我挣钱容易。他们在教育孩子的时候，往往以我为榜样，说当初我爹对我要求多么严格，才有了现在的成就。

相比之下，我自己也觉得挣钱比他们容易一些，换个角度想，他们的却不能像我一样挣钱——看看书、备备课、上讲台站站、每月工资轻松入账。其实，他评价我的成果，多是从当下的付出来衡量，实际上，我之所以达到现在这样，也是走过了一人不能走过的路才达到的，一个人时下的位置越高，他背后的辛苦越多。

因此我们羡慕别人极尽奢华的时候，往往是嫉妒时下人家的得意，我们何曾察觉到，在人家春风得意之前，熬过了怎么样的寒冬。高官也罢，富商也罢，在飞黄腾达之前，都会熬过一段默默无闻的岁月。

我春节回家，跟表弟聊天，他在经营遂宁到中江的长途客车，孩子也有一个不错的工作，还在射洪城里买了新房。在村里，表弟算是一个能干的人，腰包也不瘪。但是，整个春节，别人窝在家里休息，或者聊天喝茶，或者打麻将消遣，我的表弟和妻子，只有腊月30天中午和家人一起吃了一顿团圆饭，就一直忙着跑车，并且常常加班。人家的钱，就是这么挣的。

我儿子当年在我班读书，我班有一个叫罗伟的同学，基础和智力平常，但是读书刻苦，每天晚上躲在寝室里加班，早上最早到教师，每晚最后出教室，吃饭都跑，坚持3年，最后考上一名牌大学，我给我儿子说，你能做到吗？我儿子说，确实很佩服很羡慕，但是我确实做不到那样的刻苦。

我们看许多成功人士乘坐豪车四处招摇的时候，却不去想人家背后吃了我们常人没有去吃的苦。我相信这个世界上，会有运气存在。但是，单凭运气而不努力，天上即便是掉馅饼，又怎么接得住？就像我有个同事，梦想着一夜之间获得的财富能超过许多人，他幻想去买彩票，说不定能中几十几百万的大奖。我嘲讽了他一回，从理论上讲，你会比许多人富裕，但是，买彩票也有成本啊，我没见过你舍得花钱买几张彩票，凭什么超越别人？你只知道方向，却不曾努力，成功怎能自动地撞个满怀呢？

要想出人头地，那就要付出超越别人的努力。如果你不比人家聪明，也不比人努力，那么，时间拖得越久，你与别人的差距就越大。

无论是大人，还是孩子，我们都要记住，世界上永远有比我更加努力付出的人，他们像我们一样是凡人，但最终富裕或者实现目标的，都会脚踏实地付出行动，而不只停在对生活无尽的抱怨中。

每年回老家过年，都会有人说我的生活优裕，说我轻轻松松地怎么挣了许多钱。我说，从小学起，我被我爹逼着学习，做题。上了师校也不曾松懈过，我每天坚持学习十三到十五个小时。中师毕业后，我由于学潮原因，分配到了全县最落后的农村初中，用七年时间去读专科和本科，所有的假期都在外面学习，忍受许多痛苦，熬过了许多折磨，一边把书教好，一边帮家里打理生意。与此同时，你们可能在消遣，在休闲，在轻松地过日子。

当然，我也会抱怨，也会悲哀，也会嫉妒，也会自讨苦吃，也会犯错，这是免不了的，这是生活的正常的情绪。关键是，在抱怨和犯错之后，你是继续听天由命，还在选准了一个方向，坚持不懈地努力。

这个世界上的你我，多是出身不怎么好，天赋不怎么高，没有高人指点，没有贵人相助。但是，我们无论怎么羡慕别人，都不能忽视自己的努力。正是我们起点低，我们才要更加努力，去超越现在的生活。

你没有努力，于是你只能羡慕和嫉妒。请提防自己不要做那种最恶心的人——这些人对别人的辉煌，不是嫉妒就是挑剔。他们总是怀才不遇，拿着自己的一点长处，跟天底下的所有的人比较，自己似乎就成了王者。

命运从来就是弱者的借口

我们称他为牛掰哥。

最开始的时候，他只是一个小小的技术员，在一个大学的实验室里猫着干了五年。

他的履历表似乎总是从中国恢复高考开始计算，他必定很刻苦，也很幸运，所以能够从首届高考中脱颖而出，成为一所著名医学院校断代后的首批医学生。五年后，他又异常幸运地分配到了号称"国家队"的某著名医院当外科小大夫。

33年过去了，同学中有的早已不是医生，有的还在为晋升教授苦苦打拼，而牛掰哥，却已经成为全国最知名医院的院长、科学院院士、中华医学会外科学会主任委员、前任亚洲外科学会主席。医术、学术、管理，集各大光环于一身。

他的手术很好，甲状腺手术"刀不血刃"，诊治"癌中之王"胰腺癌的造诣在国内无出其二。

他学术很棒，国家级的科技奖拿了一个遍，当选中国科学院院士，还是全球首次当选英格兰皇家外科学院荣誉院士的两位华人之一。

他的管理很艺术，很多管理沉疴都被他或势如破竹，或雷厉风行，或四两拨千斤，或虚怀若谷地一一攻破。在医院这个教授如云的高知聚集地，佩服一个人是很难的。可是提起牛掰哥，连大专家大教授也是一排一排的大拇指。

有一天，我和一个老护士聊起牛掰哥，她揭开内幕："其实啊，当年大外科人才济济，他可不是最出挑的，比他更优秀的人可多了。"

我立刻肃然起敬。

这不出挑的都混成这样了，出挑的还不得直接诺贝尔啊！

"比他更出挑的那几个都是谁啊？"

"你不认识，都出国了。"

"那他们现在呢？"

老护士耸耸肩："谁知道呢，或许猫在哪个实验室，或许早就不当医生了。"

满心惋惜，唯有沉默。

1995年，正是出国潮最狂热的时候，各个学科都受到了不同程度的冲击，当时的中国医学科学院院长力排众议，破格提拔了一批医生晋升教授，其中赫然就有牛掰哥。"当年要不是老院长高瞻远瞩，不拘一格选人才，今天就没有这批学科带头人，中国的医疗界还不知道在跟哪个世界对话呢。"一位详熟历史的人这样告诉我。

想到这些，我的脑海中始终回荡着一句话——

个人的命运和梦想是和时代紧密相连的，没有人能跨越他所处的时代。

如果没有1977年的高考，牛掰哥可能还猫在那个不知名的角落，当着不知名的技术员。

如果没有90年代的出国潮，牛掰哥不会得到破格提拔的机会，虽然也能成功，但或许晚五年，晚十年……

这不由得让我想起了知乎上很著名的一句话——

命是弱者的借口，运是强者的谦辞。

他的成功，其实就在于比别人多了一点点坚持、一点点信念和一点点理想。

这个世界从不拒绝人们靠自己的实力获取。

如今的牛掰哥已走上发展高速路，履历表显赫得闪瞎人的钛合金狗眼，而我却时不时想起那个小小的技术员。

在那个疯狂的年代，所有的学校都是废墟一片。

他利用这段时间，在生理学方面打下了扎实的基础，也使自己的实干能力和口才得到了很好的锻炼。

当黑色双瞳里闪烁着酒精灯的不灭光芒，是否已预示了他锋芒毕露的未来？

"世界上有两种力量，一种是剑，一种是思想。"

拿破仑说。

你不坚持，能有什么未来

每个人从小都有着远大的理想，憧憬着美好的未来，但随着年龄的增长，那些理想和憧憬中的美好却一天天离我们远去。不知道什么时候，竟然完全找不回它们了。到底是它们自己离我们而去还是我们在忙碌的工作和生活中弄丢了它们，答案不说自明。

人活着，都想活出个样，给自己、给他人看看。活出个样，证明了你的能力；活出个样，体现了你的人生价值；活出个样，不枉人世走这一遭。但要想活出个样，必须要坚持不懈，必须有一定的毅力，认准了一件事，无论山多高水多深，都要咬紧牙关，努力坚持。

世间最难的事不是面对困难，而是坚持，成功贵在坚持。如果你能一直坚持，你的未来一定非常美好。

有一天，古希腊大哲学家苏格拉底对学生们说："今天我们只学一件最简单也是最容易做的事儿。每人把胳膊尽量往前甩，然后再尽量往后甩。"说着，苏格拉底示范做了一遍："从今天开始，每天做300下，大家能做到吗？"

学生们都不屑一顾地笑了。大家想，这么简单的事，有什么做不到的？过了一个月，苏格拉底问学生们："每天甩300下，哪些同学坚持了？"有90%的同学骄傲地举起了手。又过了一个月，苏格拉底再问，这时坚持下来的学生只剩8成。

一年过后，苏格拉底再次问大家："请告诉我，最简单的甩手运动，还有哪几位坚持了？"整个教室仅一人举起了手。这个学生就是古希腊另一位大哲学家柏拉图。

每一部伟大的作品，每一次热烈的掌声，不是靠力量而是靠坚持才完成的。骐骥一跃，不能十步；驽马十驾，功在不舍。

一百多年前，一位穷苦的牧羊人带着两个幼小的儿子替别人放羊为生。有一天，他们赶着羊来到一个山坡上，一群大雁鸣叫着从他们头顶飞过，并很快消失在远方。牧羊人的小儿子问父亲："大雁要往哪里飞？"牧羊人说："它们要去一个温暖的地方，在那里安家，度过寒冷的冬天。"大儿子眨着眼睛羡慕地说："要是我也能像大雁那样飞起来就好了。"小儿子也说："要是能做一只会飞的大雁该多好啊！"牧羊人沉默了一会儿，然后对两个儿子说："只要你们想，你们也能飞起来。"

两个儿子试了试，都没能飞起来，他们用怀疑的眼神看着父亲，牧羊人说："让我飞给你们看。"于是他张开双臂，但也没能飞起来。可是，牧羊人肯定地说："我因为年纪大了才飞不起来，你们还小，只要不断努力，将来就一定能飞起来，去想去的地方。"

两个儿子牢牢记住了父亲的话，并一直努力着，等他们长大——哥哥36岁，弟弟32岁时——他们果然飞起来了，因为他们发明了飞机。这两个人就是美国的莱特兄弟。

许多人梦想着各种美好的未来，科学家、企业家、音乐家、作家……却从不付诸行动，或者付诸行动了，遇到困难便退缩。正如登山一样，爬到半山腰感觉实在坚持不下去了，便气喘吁吁下山，你不仅欣赏不到秀美风光，更体会不到站在山顶上的那种自豪感，最重要的是当你下一次面对同样的困难时，你依然会选择退缩。

知难而退的人永远不会成功，那些面对困难、积极挑战困难并能坚持到底的人一定会成功。所以说，如果你连坚持的勇气都没有，就不要谈什么未来，什么海阔天空、凌云壮志，那都是瞎扯。只有先坚持，才会有美好的未来！

你有什么资格说已经足够努力了

刚来北京的时候，对北京人有一个特别不好的印象，就是觉得他们好像除了清华北大，看其他高校都像是二本。但我想，我们的差距确实存在。

我上的这个班40人左右，除了厦门大学法学院的人，其他基本上都是北京大学、清华大学、北京外国语大学、北京航空航天大学等法学院的学生。上课的时候，一个姑娘坐在我后面，桌子上平摊着4份法学案例，分别是日文、英文、法文、德文。她告诉我，这是他们法学院的老师布置的案例题。一问，是北京外国语大学的，再一问，原来是大一的。

吃饭的时候聊起各个学校的趣事。让我惊愕的一点就是她说，北外的食堂，你一进去，说什么语言的都有，大部分人都在苦读外语。

后面还坐了一个人大的姑娘。人大那个姑娘对Jessup（国际模拟法庭辩论赛）甚是感兴趣。问她，你们有没有在考试前几周才背一下的时候，她还没来得及说话，北外的姑娘就说起来："以前去人大找同学的时候，发现自习室基本上是满的。"

再说坐我旁边那位北大的姑娘，从开始上课起，她就一直在看一本有800多页的联邦最高法院的判例，全英文。显然这本书她已经看了几遍了，上面写满了单词标注，而且还有一些别的东西——各种心得和批注。

后面那位清华的小伙子显然活跃得多，聊起耶鲁的一件事。他说：耶鲁真霸气，清华北大好像有意和耶鲁共同研发一个项目，但是耶鲁拒绝了。说完之后，那小伙子就开始做题了，他身为大一学生，做的题目却是大三的。

以前我一直在想一个问题，为什么人类总是不允许强者"自傲"？我想，那些责怪别人的人，是不是证明了一个逻辑，那就是——人都不喜欢承认自己很弱。

今天老师说了一些话，我觉得很有道理，他说，那些天天在社交网络上刷了一遍又一遍的人，他们究竟得到了什么？其实这个世界并不是没了他们不行，他们总是这样活跃的原因，就是害怕发现这个世界原来少了他们不会不行。其实你们每个人都没有那么重要，为什么一定要把注意力集中在那些虚无的信息上呢？

老师说了另一句话：Life is tough（生活是艰苦的）。我觉得这句话很对，当我们坐井观天的时候，殊不知，其实我们离别人还很远。

你说你当了社团主席，很忙很累，因此成绩很烂，可是有雅思成绩8.5分、拿到金融系两年国奖的社联会主席芊姐在前面向你招手。

你说你打辩论打得很忙，因此成绩很烂，可是有马来西亚国际辩论赛全程最佳辩手的冰学姐，在剑桥大学向你招手。

你说你是理工科，打辩论无法兼顾学习，可是有世博辩论赛全程最佳辩手、曾经去香港交流、保研北大的杨师兄在前面向你招手。

你说你大二带领一个组织把任务做得很好，可是南京有一个姑娘大二就调动全国二十几个社团，在全国办选拔赛，最后在河北保定办决赛，被老一代辩神称为辩论界的两江总督在前面向你招手。

你说你大二的时候进了电视台实习，可是有一个北大的姑娘在大一的时候，就通过网上申请进了花旗银行北京分行实习，并且大二的时候进了央视和湖南广播电视台北京总部实习，她也在前面向你招手。

你说你大一的时候已经很努力了，但每天除了泡在网上，书本你从来不碰，还玩命地聚会。可是在斯坦福大学法学院的章学长，身边的人以后要么是华尔街精英，要么是政界新星，作为法学院高才生的他每天还是在图书馆里查案子，过着三点一线的生活，这样的人也在前面向你招手。

既然如此，你凭什么觉得自己还有资格去说自己已经很努力了？

别人能拿走的，绝不是你的能力

前几天，朋友约我出去吃饭。

没吃几口，她就开始咬牙切齿地说："每次我独立写完一篇大稿，我们主任都会在发表时想尽理由在我名字前罗列上一串名字。这一次，一篇报道获了国家级大奖，他们一点儿力没出，署上他们的名字，我也忍了，可是奖金竟然也要平分，我不伺候了！"依稀记起大学时，我在杂志社实习时，也遇到过这种情况。

有一天，主编把我叫到办公室，指着那篇本来是我写的、却署着别人名字的文章说："这篇文章怎么没有你的名字？"我微笑着说："做实习生，不是都应该写上前辈的名字吗？他教会我很多东西。"语气里尽量带着心甘情愿的坦然。

主编似乎看出了我的心思，说："因为各种原因，很多杂志社都存在这种问题。你现在觉得委屈是因为你的弱势，你经验不丰富、能力还不强，但一定不要把这理解为心甘情愿，你这是在蓄积力量。等到将来某一天，你成为知名记者时，你手中的资源、你的能力、经验都足够多的时候，一定不会再受此待遇。所以，要想保护自己的成果，就努力向前跑。当你甩出别人几千米时，别人就不能再'潜规则'你了。"

后来我没有继续自己的记者生涯，但很庆幸，在初入职场时，有前辈跟我说了这些话，她让我知道，之所以别人打压、挖苦、讽刺，甚至利用你，都是因为你还没有和期望匹配的强大。你之所以感到委屈、不甘，是因为你拥有的还不够多。设想，如果我们有100个苹果，别人抢走20个，我们还有80个；而如果我们只有20个苹果，别人抢走20个，我们就空空如也。在这个社会上，我们很难制止别人"抢走20个"，我们能做的只是增加我们的储备，一旦被抢走那"20个"，我们也不会弹尽粮绝。

两个朋友初中时就谈恋爱，连大学在异地都没能让他们分开，所有人都相信他们会牵手一辈子。大学毕业后，男生为了自己的音乐梦想苦苦追寻，居无定所，赚的那点儿钱根本无法维持生活，只能依靠女生每月3000多块钱的工资过活。女生出门再紧急也不敢花钱打车，逛商场只能逛而不能买，公司的同事发型换了十几次，她却只能简单地梳个马尾。

这些她都忍了，直到有一天，她发现自己怀孕了。想到两个人的家庭条件和现在的生活状况，她背着男生把孩子偷偷打掉了。但这个没有出生的生命在她的生活里却再也挥之不去，从此，男生的努力再也没有了梦想的味道，剩下的只是无所事事和不负责任。她思考的是，我凭什么要过不能打车、不能买衣服、不能做头发的生活？还不是因为你不挣钱。无数次争吵之后，两个人义无反顾地分手了。

不管两个人的感情多么坚固，如果持续地、不对等地让一方感到"不够多"，那这个人的委屈定然会发酵，直到两个人的感情空了心。

有一天，一个女孩儿问了我一个看起来有些好笑的问题。她说自己努力学习，可到了考场上，压根儿不学习的室友却让她把答案给她们。她不想，又怕伤及情谊，只能给了，可又觉得自己委屈极了。

我告诉她，要让自己拥有的足够多。如果你只拥有考场上那几道题的答案，那他们拿走，就真的拿走了；你要拥有他们拿不走的东西，比如持续的学习能力、人际交往能力等。你觉得委屈，很多时候是因为他们拿走了你引以为傲的唯一资本。

当你觉得委屈时，别浪费时间去打量这个世界是否公平，让自己拥有的足够多，这样，别人想要对你不公平，似乎也无从下手。更何况，随着你拥有的足够多，他们自然会退出你的生活，因为你已经甩开他们太远，他们已经追不上你了。

这么努力，是想去体验更大的世界

在成都读书的那几年，只要一出太阳，学校的草坪和茶馆马上就会被潮水一样的成都人民占领。整个下午他们就坐在太阳下面，聊天喝茶打麻将。我觉得这样真是爽爆了，为什么我要这么努力嘛？

那时住的地方楼下有家苍蝇馆子，做的宜宾燃面很好吃。我觉得我就这么吃一辈子便宜的川菜肯定也会活得很爽的。为什么还要这么努力嘛？

大二的时候骑自行车出去转山，三十多公里的大上坡。海拔2300米到海拔4500米，零下好几度。不巧早上出发又起大雾。能见度不到20米，衣服不晓得是被汗水还是露水弄得一直滴水。出发前豪情壮志地说："这次一定要征服大山"，出发后变成了："天呐，我要回去晒太阳。""我要回去吃燃面、冒菜、蹄花汤、回锅肉、钵钵鸡啊！"

我清醒地意识到：只要放弃努力，生活会立即过得比努力时要滋润得多。那么，为什么还要这么努力？

可是有时候会想："一辈子满足于一个吃回锅肉的地方，那肉夹馍怎么办？那锅包肉怎么办？"

是的，我会想这世界还有很多地方没去过，很多美食还没有吃过，很多人还没有遇到，很多知识还没有掌握，很多事情还没有想明白……

一想到这些，心里就躁动不安，屁股就坐不住。

虽然说爬山累得直不起腰，上了山后高原反应也让人身心交瘁。但是爬着爬着大雾一下子像幕布一样散开，蓝天突然盖过来，站在那里看着云海和雪山自己跳出来横在面前，那种感觉还是很不一样的。

高中课本里面王安石同学说："世之奇伟、瑰怪、非常之观，常在于险远，而人之所罕至焉，故非有志者不能至也。"

所以我要去加倍努力。

不是为了去换取成功，不是为了去超越别人，而是一种想去体验一个更大的世界的欲望。

北京没有那么多故事，只想拥抱你

　　上地铁前，我往嘴里塞了一颗枣，感觉自己最近有些气血不足，怕缺氧。下地铁时我真的不知道发生了什么，只是觉得门口挤的人太多了，我一定不能坐过站，不然要迟到了，就拼了命往门口凑，地铁一停，忽然刮来了一阵飓风，等清醒过来，我已经旋转了几个圈，立在了站台边。地铁轰隆隆开走了，而我，吞进了一颗枣核。

　　看着铁轨并行地淹没在面前的坑里，咽了一口唾沫把枣核冲进胃里，愣神两秒，拔腿朝公司跑去，结果跑错了出口，又从地面绕过去，边跑边骂自己智障。

[1]

　　很奇怪，我不认识楼梯，尤其是大望路地铁站新光天地出口的这几层。每次上楼梯的时候都险些踩空，要停顿下来好好琢磨一番到底抬右腿还是左腿，心情好的时候嘲笑自己小脑缺陷是上天给的恩赐，心情不好的时候咒骂修台阶的工程是不是故意误导我们这些残障人士，更多时候没有心情，立马调整姿势朝上跑。

　　2013年我在新光天地后面的华贸商务楼上班，每天都要经过Prada，下班时被Chanel闪烁的橱窗亮瞎眼，从不停留，只怕赶不上地铁。圣诞节的时候总有情侣在这面墙旁边照相，我嗤之以鼻，心里想他们一定跟我一样，走都不敢走进去。Chanel的橱窗是一颗一颗闪烁的星星，哦，或者钻石，好吧，其实只是灯光而已。有时走过也会停下来抬头看看，星星没有Chanel闪，真的。不知道是不是雾霾的原因，抬头仔细找，也看不到几颗。

2

我不是来北京追梦的。如果你只是想用自己的梦想光明正大地赚钱，那梦想将被置于多么可笑的境地。大城市才不是梦的试金石，钞票如果够华丽，遮住的也不只是你的眼睛。

毕业那年我拿着厚厚的简历在西安找工作，运气不佳，两天未果。心一横，买了一张一星期后去北京的车票，我默念着，如果这星期内找到差不多的，就先待着。最后面试的是一家化妆品公司，做宣推，公司很漂亮，独占一层，格子间里飘出隐隐约约香水的味道。HR问了很多问题，让我拿笔写了一篇800字的软文。她考量来考量去，将将刘海儿推推眼镜，清清嗓子对我说，"没有工作经验，实习期1300，转正后看你成绩。"她站在我面前，眼镜片挺厚，我侧脸望去能看到一圈一圈的度数痕迹，我动动鼻翼，礼貌地点点头，说回去考虑。

"我靠，1300？能不能把我十块钱的简历还给我！"走出公司门我一路骂骂咧咧，踏上了开往北京的火车。

轰隆轰隆，带着一点不屑和满怀的不安，那时候谁知道这是命运之轴滚动出的节奏感。

3

所有的北漂都曾遇到过的几个问题：找工作大海捞针，哪儿哪儿都要人，不知道哪个公司更有钱途；找房子雾里看花，哪儿哪儿都出租，照片和实景比淘宝图片和买家秀差得还远；加班时间长感叹资本剥削，下班时间早却无处可去。

我还好，一开始借住在朋友家里。20楼上好风光，楼下是曾经被大雨淹没过的街道。黄昏时分的夕阳透过落地窗看到过几次，火红火红的晚霞，我和她坐在地板上数猫毛，安慰自己才刚来，总要有个过渡期，死皮赖脸在朋友家里。加班到11点，在公交车站冻得腿抖，只为能将加班报销的那二十元车费收入囊中，第一个月看着手机上的短信提示，2099的入账感叹自己还不如1300

去给化妆品写软文，在拥挤的公交车中欣喜自己个子够高抓得住最上面那根扶手，被人潮推搡得东倒西歪时，被咸猪手侵扰不知如何声张时，也想委屈地哭一嘴。

后来跟着中介看了无数间房，大多是合租，一家里能住五六户，男女交杂，安慰自己这不过是low版的爱情公寓，大家也一定和睦相处其乐融融。黑车司机把我的行李放在楼下甩手而去，好不容易搬好家，打扫得干干净净，出去一趟再回来，推门就看到一个惊喜，一小队蟑螂由大队长带领着匆匆四散逃窜。倒吸一口冷气，一面之缘的室友姑娘看到我吓绿的脸，翻了个白眼，"你怕蟑螂啊？夏天才多呢。"我尴尬笑笑。看见蟑螂，我不怕不怕啦。住了三天，就差从16楼跳下去。每个人都有一个死穴，昆虫就是我的死穴。不好意思，没能出现励志大逆转，没能长成一个一脚踩死一只还给它写墓志铭的坚强姑娘，我坐在床上大哭一场，赔了违约金，匆匆逃离。

[4]

一个人又穷困潦倒又孤单寂寞时，容易依赖伴侣。我的男朋友用电动车载着我逃窜在偌大的北京城。他骑车特别狂，在堵车的浩劫里东逃西窜，一开始我怕死，公司给交的住房公积金我还没有取出来花掉，我不能死。后来我不担心了，死是死不了，被电动车摔下来三次，都是他安然无恙而我垂直坠落。

那时候的男朋友是北京人，他不care有多少钱可以花，因为他有房。一个不足40平的屋子，但是位于二环里，这有可能变成传家宝的一笔巨款让他对生活的满足感直线升高。而我每天加班，朝十晚不知，斗转星移间，我认识了很多人，他们够努力，欣欣向荣的氛围影响了我，我开始意识到身边的姑娘真的可以背Prada，逐渐对男朋友的不上进怨气爆棚。

一起挨过穷这种感情基础，要么坚不可摧，要么一触即溃。我就想使劲使劲往前跑，可是你已经安于原地踏步，我催你，你纹丝不动，并在朝夕相处中厌恶我贪得无厌的所谓进取心。

2014刚过完年，我就从二环里不足16平的房间中被扫地出门。刚从家里回来，在父老乡亲面前吹的一顿牛逼直接导致了我的身无分文。我提着行李箱走在北京凌晨的街道上，四面都是钢筋水泥的繁华，但没有我的家。

北漂三年，最怕行李箱的万向轮龇着地面时发出的哗啦声。北京的街上太多人拿着行李箱，浓厚的漂泊感夹杂着尘埃飘在空气里，勉强开了个房，我坐在椅子上对着镜子抽烟，没哭，苦思冥想自己怎会落得如此境地，抬头一看，四面都是墙，经济间没有窗。

[5]

我现在住在三环外一点，使劲眺望能看到大裤衩。湿衣服依旧无法被阳光晒干，因为没有阳台。楼上洗衣机溢水从天花板渗下来淹了厨房的微波炉，楼上姑娘的丝袜时常飘到我的窗台。我依旧跟家里人吹牛逼，说自己过着纸醉金迷的都市生活，其实加班到半夜，焦头烂额接家里人电话时却恨不得假装自己在维也纳度假。

但你看，路这么宽，虽然不止你一个人在走，可幸福的终点始终向每个人开放。别人肩挑重担面带笑颜，而你忧心忡忡，仅仅是因为自己无法被晒干的衣服。

北京特别大，到现在我也不认识哪儿是哪儿。地铁一不留神就坐反。想起那段坐在地铁地上的日子，我就像个撒娇无路的惯犯。现在回头看，却只剩感谢那重重叠叠的四个小时，让我的阅读量有了质的飞跃，你走过的弯路，从来都不是白走的。

周末我坐在家里晒太阳，围着暖气，一口一个往嘴里塞枣，含着枣核冲舍友嚷嚷，一不小心又吞了一个，赶紧喝了一口手边的奶茶。大望路地铁站的人依旧多，不过走着走着，已经认清了出口，不会再轻易错过。

也许故事没有那么多失意，但柳暗花明的香味依旧最袭人。

北京，让我拥抱你，在晴朗的天气。

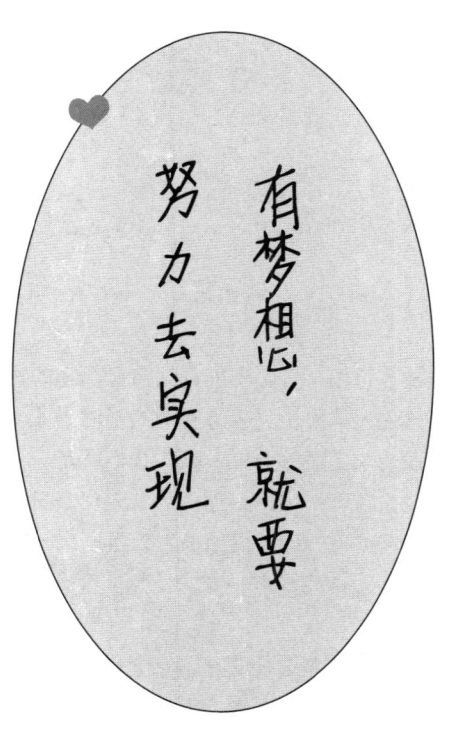

有梦想，就要努力去实现

在生活中也是如此，
只要用心生活，
没有一天会是虚度的，
你总会有所收获，
你行走的每一步都是
为了抵达美好的未来。

有梦想，就要努力去实现

[1]

起初，我们总是会害怕，害怕不能得到自己渴望的物质生活，害怕遇不到那个好好爱自己的人，害怕失去青春也换不回事业上的进步，害怕会做下一个让自己悔恨的决定……可这一路，我们就是这样踩着自己的害怕和悔恨走来，渐渐地，在害怕中一点点成长、充实，日益强大，对当初做下的决定释然，最终迎接另一种不惧怕未来的自己。

在这个时代，你要对自己宽容一点，允许自己迷茫，允许自己困惑，允许自己慢慢来。

年轻的时候不知道自己想要什么，不必太过焦虑，但你需要了解自己对什么感兴趣，愿意把时间投入在哪一方面。如果你连自己对什么感兴趣都不知道，如何认识人生和世界？

你若真的没有发现自己喜欢的事情，那就不要放过任何尝试的机会，直到找到自己内心真正热爱的，找到自己愿意为之努力的梦想。

冯唐想写小说就去写，想开公司就去开，一路都在做自己想做的事情。我也只是做自己喜欢做的事情，去想去的地方，一步步地跑，一字字地写。

人生从来不是规划出来的，而是一步步走出来的。找到自己喜欢的事情，每天做那么一点点，时间一长，你就会看到自己的成长。

[2]

不管你想要怎样的生活，你都要去努力争取，不多尝试一些事情怎么知道自己适合什么、不适合什么呢?

你说你喜欢读书,让我给你列书单,你还问我哪里有那么多时间看书;你说自己梦想的职业是广告文案,问我如何成为一个文案,应该具备哪些素质;你说你计划晨跑,但总是因为学习、工作辛苦或者身体不舒服第二天起不了床;你说你一直梦想一个人去长途旅行,但是没钱,父母觉得危险……其实,我已经厌倦了你这样说说而已的把戏,我觉得就算我告诉你如何去做,你也不会照做,因为你根本什么都不做。

真正有行动力的人不需要别人告诉他如何做,因为他已经在做了。就算碰到问题,他也会自己想办法,自己动手去解决或者主动寻求可以帮助他的人,而不是等着别人为自己解决问题。

首先要学习独立思考。花一点时间想一下自己喜欢什么,梦想是什么,不要别人说想环游世界,你就说你的梦想是环游世界。

很多人说现实束缚了自己,其实在这个世界上,我们一直都可以有很多选择,生活的决定权也一直都在自己手上,只是我们缺乏行动力而已。

如果你觉得安于现状是你想要的,那选择安于现状就会让你幸福和满足;如果你不甘平庸,选择一条改变、进取和奋斗的道路,在这个追求的过程中,你也一样会感到快乐。所谓的成功,即是按照自己想要的生活方式生活。最糟糕的状态,莫过于当你想要选择一条不甘平庸、改变、进取和奋斗的道路时,却以一种安于现状的方式生活,最后抱怨自己没有得到想要的人生。

因为喜欢,你不是在苦苦坚持,也因为喜欢,你愿意投入时间、精力,长久以往,获得成功就是自然而然的事情。

[3]

我从跑步中得到的东西有许多,比如,一个健康的身体,积极的生活态度,跑步时挥汗如雨的畅快感,认识了有共同爱好的朋友……没有一步是浪费的。在生活中也是如此,只要用心生活,没有一天会是虚度的,你总会有所收获,你行走的每一步都是为了抵达美好的未来。

我渐渐意识到做一件事,开始的兴趣带来的热情只是最初的火种,想要形成燎原之势还需要持续不断的投入。人是因为对一件事情干得越来越好才越来越有兴趣的，不是对什么感兴趣才干得好的。小目标完成后给予及时的小奖励，会促使自己去实现更大的目标，大目标完成后，更要好好犒赏自己一下。

一生之中，每一天都是不同的，而我们常常把完全不一样的每一天过得都一样。摒弃重复无聊的日子，迎来未来精彩美好的生活，这是我们每个人的期望，但对大多数人来说，这样的生活简直就是奢侈，因为我们习惯对自己日复一日的生活产生依赖感和麻木感，巨大的惰性会拖垮我们。我们宁愿麻木不仁地生活，安全地受困，也不愿意冒险改变，以至于没有精彩美好的未来。

有梦想，就要努力去实现。

定一个奢华的梦想，然后努力奔跑

每天乘着豪华游轮环游世界，轻松优雅；每月还能赚取上万元的薪水，如此高大上的工作简直是海市蜃楼，可遇而不可求。然而，她却用了四年的努力，把这个奢华的梦想变为现实。她就是23岁的湖北孝感女孩褚小倩。

褚小倩毕业于武汉职业技术学院，良好的家庭教育，让她像阳光下快乐生长的向日葵。她爱好广泛，琴棋书画无一不通，从三岁时，喜欢旅游的父母就常常带她去看世界。潜移默化中，她对大自然充满着无限的好奇和憧憬，一个梦的种子在她的心里生根发芽，在光合作用下，开始滋生猛长。每年生日，父母问她最想得到什么样的生日礼物，她都会脆生生地脱口而出——旅游。中学毕业前，她几乎游遍了全中国的大山名川，名胜古迹。

2010年高考，褚小倩发挥失常，却毫不犹豫地报考了武汉职业技术学院旅游管理专业，她说，给我任何一个平台，我都要插上梦的翅膀，四年后，我一定能够遇到更加美好的自己，放飞梦想。

初来乍到，褚小倩就爱上了这个陌生的环境，她似乎很快找到了人生的方向，要想将来成为一名出色的导游，带着梦想周游世界，现在必须学好扎实的专业知识，通晓历史地理，熟知各国风土民情，甚至还要精通多国语言。大二时，当好多同学沉迷于手机网络，或者出双入对谈一场轰轰烈烈的校园爱情时，褚小倩已经在老师的建议下，开始攻读国际学院特意增设的英语课程，成了全系出了名的学霸。当她了解到，如果能够通过雅思考试，毕业后就可以争取到澳大利亚留学的机会，她像打了兴奋剂般，给自己定下了一个目标，努力闯关雅思。

每天清晨，褚小倩总是第一个起床，匆匆洗漱，就带着手机和大学英语课本下楼，在手机上听20分钟的听力练习，背一个小时的英语。每天午饭时，她一边吃饭一边看美剧。她常常调侃道，别人泡电视剧是追星，我是追人物语言，跟着人物学说话。除了上课，她大部分的时间不是在自修室，就是泡图书馆，或者在校园橡胶操场的跑道上跑步。

真可谓天道酬勤，大三时褚小倩就顺利通过了英语四级，2014年3月，她再次通过英语六级考试。更让人羡慕的是，两个月后，她通过了雅思考试，收到了澳大利亚阳光海岸大学的录取通知书。捷报频传，她兴奋至极，三年的辛苦付出终于换回了丰硕的回报，她第一时间打电话给父母，隐隐之中，她似乎感知到了父亲忧喜参半的复杂心情。

挂断电话后，褚小倩远望着家的方向，思念之情顿涌心间。膨胀的喜悦慢慢褪去，她突然变得异常理智，出国留学，的确是梦寐以求的事，但父母已经年过五十，又都是一般工薪阶层，供自己读完大学，已经很不容易。要是再给本不太富裕的他们施加超负荷的经济压力，她实在于心不忍。想至此，她毅然放弃了出国留学的机会。

然而，幸运之神总是光顾一直努力准备的人，另一个绝好的机会正在悄悄到来。毕业前夕，褚小倩得知美国邮轮公司第一次来武汉招聘，她连夜做好了简历，第二天一大早就赶赴招聘现场。一周后的面试现场，她谈吐优雅，落落大方，应试全程一口流利标准的英语，为她赢得了主考官们的一致好评。

一个月后，褚小倩被美国邮轮公司破格录取，成了武汉职专唯一一名被这家实力雄厚的外企公司聘用的幸运之星。

褚小倩终于踏上了美国公主号邮轮，成了免税店的乘务员。面对人生的又一个开始，没有丝毫背景的褚小倩，更加努力奔跑，做雨中没有撑伞的孩子。她每天都保持良好的工作状态，热情大方，笑容可掬，谦卑好学，邮轮靠岸后，她还义务担当导游，带着游客看世界。一年多的时间里，她以出色的表现顺利完成了多条航线的出游任务，足迹遍及亚洲大洋洲等多个国家和地区。

2015年9月，褚小倩受到嘉奖，被调到了本公司在亚洲航线上最大的邮轮——宝石蓝公主号，梦的风帆再次被扬起，驶向更加绚丽的明天。

褚小倩面对当地媒体记者的采访，淡定而阳光，她说，给梦想一个奢华的约定，然后就一直努力奔跑，总有一天，上帝会被感动，许你一个明媚的未来。

任何人，都有自己的梦想

认识小坚是在2009年的秋天。

他提着大包小包有些吃力地站在门口，额上汗水淋漓，微喘粗气，显得有些拘谨和无措。后面赶上来的爸爸帮他解了围："这是小坚，暂时和我们住两天，进了厂就行。这是我儿子，小陌。"爸爸指了指我。他清秀的脸稍显红晕，却掩不住他的年轻与羞涩。他轻声地说："你好。"我应了声后想帮他提东西放好，他赶紧推脱："不用，不用，我来就行。"他手臂上青筋暴起，那几个包裹还是挺重的。

边走我边观察他，个子不高，身体却壮实，皮肤被晒得黝黑，典型的农村小伙子。爸爸是个热心人，这些年介绍了不少年轻老乡进厂打工。以往的那些同乡人，基本上都是因为无心向学，在学校实在待不下去才出来混社会的，身上多少带点不好的品行，小坚却给了我异样的感觉。

小坚今年18岁，与我同龄，家住邻村。我对他的年轻感到吃惊，还有默然。人生际遇不同，我还在求学，小坚却已踏入社会。

等小坚放下行李，我问他为什么不继续读书而出来打工了。他给出的答案和以往的同乡人如出一辙，不想读了，就出来了。可他又说道："这不是过了九年义务教育么？家里负担太重，才出来的。读了九年多，也足够了。"

小坚的行李很多，连被子也带来了。我看着奇怪，他说："家里有，放着也没人用，带来也不麻烦。小陌，家乡的特产。"他投过来两个橙子，薄皮多汁的廉江红橙。

第二日，我带他去医院体检。他沉默少言，偶尔笑笑也短暂。看起来像思索着什么。我跟他谈话，他也回答简短。一路上他盯着那些泛黄的树叶，还有来往的车辆，表情平淡。到了医院，他对流程比我还熟悉，原来他每个寒暑假都外出打零工。令我吃惊的是他的字极美，"你的字好漂亮啊，我的就见不了人。"他难得一笑，看来也认同，道："只要功夫深，铁杵磨成针，你也可以的。"但他脸上的自信一闪而逝，口气沉了下来："但，这有什么用呢？"他心中的惆怅我明白，这有什么用呢？

小坚并不像以往年轻的同乡人，他没有吸烟酗酒的不良习惯，待人礼貌，特别敬业。我们同龄，但他所展现的成熟性格令我既惭愧又佩服，处事经验与我更是天壤之别。

小坚进了工厂，见面的机会就少了。大概一个月后，小坚带着水果来探望我们。这次见他，他脸上的笑容多了些，跟我们说说笑笑。事后，爸爸说，小坚是来还钱的，原来他来这里的路费、食宿费等各种费用都是爸爸先垫付的。爸爸说小坚在厂里做事十分认真，好学，又不嫌累，所以他的奖金多。

小坚生活十分节俭，平日里都穿着工作服，很少见他穿自己的便服。天气渐凉，他衣着依然单薄，他说："后生仔嘛，耐冷！"他的笑容看起来很真诚。直到元旦，我才看见他穿了一件仿的外套，街边有很多卖的，不贵。

一段日子下来，小坚的样貌看起来成熟多了，脸上也多了几分凌厉、帅气，但手上有明显的肉茧，想象不出这手能写出极漂亮的字。

他家里有两个还在上学的弟妹，花费大，他父母没多少知识靠着种田维持家里开销。小坚把大多数的钱都寄回家了，只留给自己一小部分。小坚说他有一个梦想，就是希望弟弟妹妹都能上大学。我明白，他内心是多么地向往大学，但他已经没希望了，他不得不把这种梦想寄托在比他年幼的弟弟妹妹身上。

再过些日子，新年就要到了，我们和小坚结伴回家。在长途汽车上，他有说有笑，显得非常开心。一打听，原来他因为工作优秀，年终奖多了不少。他不厌其烦地计划着剩余钱的用处，比如给父母和弟弟妹妹的礼物。最令小坚高兴的是，他说这样下去，过两年就可以给家里盖一个新房。

小坚家的确破旧，一间低矮的瓦房屋像是沉暮的老者匍匐着，似乎摇摇晃晃。我无法想象，小坚的18年来就在这里长大、生活。他家里人都十分热情，非留我们吃完午饭再走，盛情难却，我们便坐了下来。屋里的一切因光线不足而显得阴暗，唯有墙上满满的奖状显得格外夺目耀眼，我浏览着这些颁发给小坚的奖状，心中惊叹不已。

饭后，小坚坚持送我们到路口，直到我们说够远了，他才停下回去。我回头看着他坚毅的背影，突然感觉到，一个高傲伟大的灵魂在这个小小的身躯里，撑起他的坚强，撑起他的梦想。

在苦难中行走，想想你的梦想

到底谁在背LV包，我不在乎，无论是A货还是摆阔的小演员。

我只知道人人都希望有被尊重的一面，有的人选择事业，有的人选择内心，有的人选择体面的装饰。

既然法国香榭丽舍大街的LV店门庭若市，那么就不必责怪那些可能暂时还卑微，但燃烧快乐生活梦想的小演员。

有一个朋友曾经和我说过，一次他和众多富豪一起喝一种葡萄酒，按年份，那种葡萄酒售价不菲。当晚，他们几个人总共喝了50多万的红酒。

人都有理性，但先于理性的是他的直觉。当那位化妆师说那些小演员背A货LV包的时候，他和他的喝彩者一定充满了不屑，这是他们的直觉；但当人们听到几个人在一夜间喝了那么贵的红酒的时候，他们的直觉一定是他们可真阔。

在某些时候，人们对富人的宽容是显著地高于普通人的。

但在某些时候，人们又对富人充满苛刻，比如一起交通事故，通常情况下，开一辆好车的人会遭到责怪——假如你开的是一辆三轮车，我敢保证没有一个媒体会发稿子，但假如你开的是宝马呢？

一般而言，人们的道德指数与他是开宝马还是开三轮车的无关，但通常情况下……

很小的时候，我读莫泊桑的《项链》。一位妇女丢了一条借来的项链后放弃了自己的小康生活，努力还债，后来才恶作剧地被告知，那条项链，不过是一条赝品而已，而她苍茫的一生已经度过。很小的时候我被告知，一切都是她的虚荣所致。但很多年后我再读《项链》的时候，我看到她一生的苦难。她曾经那么渴望过上体面的生活，而体面的生活，则是每个人天赋的不可剥夺的梦想。

我讨厌暴发户这样的说法，因为那不过是每个财富积累的人过于想证明自己而已。

我也不太在乎每个服装品牌的logo大小，大了就代表虚荣吗？虚荣有什么害吗？

我偶尔去逛奢侈品店，我喜欢那里的设计。虽然我收入不多，但买一个我喜欢的，那不过就是我喜欢的而已。

每个生活在梦想中的年轻人都在努力。

他们的光芒存在于他们的生活方式和梦想中。

当你想要嘲笑他们的时候，你想想你的过去，想想在苦难的日子里，你曾经的梦想。

梦想，是一小步一小步地行走

　　有10级的小学妹给我挂电话，她说飞天文学社要周年庆了，问我有没有时间回去看一看。扣了电话，一种莫名的感情就一发不可收拾起来。

　　我找不到准确的语方来描述那一场呼啸而过的青春以及在那些或明或暗的青春里，我遇见了谁，又有了怎样的对白。只是很突然地想念一种藏在内心深处的味道，那些因为一个梦想落空然后另辟新径的日子，仿佛一下子在记忆里鲜活起来，一点一滴就像在昨天。

　　在上海的屋子里，还保留着两三本飞天的杂志，如今看上面的文字，它之于我的意义不仅仅是一份简单的关于青春的回忆，还有在那个年纪因为文字而做出的诸多努力。

　　小时候对文字有着与生俱来的热爱，只是那时候能接触到的课外书实在有限。暑假里最期盼的事情莫过于看到爸爸收工回来帮我借到书。而借来的那些书，总是被我反反复复地看了好多遍才肯罢休。那个时候，文字有种魔力带领我进入了一个全新的世界。

　　后来上了学，看数理化以外的书籍变成了一作很奢侈的事情。只是偶尔的也还是在语文老师的要求下去参加一些作文竞赛，拿到奖他比我还开心。在他眼里，我的文字是有灵气的，反复叮嘱我一定不要浪费了这种天赋。

　　大学填志愿的那天，毫不犹豫地选了新闻和中文，只是后来经历了种种曲折，我还是没有读到自己喜欢的学校和专业。所以我生命里最美好的四年，活跃在大学里各个需要文字的地方。广播站、记者团、文学社，我写很多的文字，淡淡的却不是自己喜欢的。然后也谈一些或刻骨铭心或不温不火的恋爱，可是那些人最后又去了哪里。

其实我的生命里真是出现了太多的故事，每个故事都是很好的素材，而我没有写出来，只不过是我不愿意诚实地面对自己的情感。是这样的吗？那要到哪一天，我才愿意承认那些少年曾在我生命里停了又走，然后时光静止，少年不老？我只是很清晰地记得学校道路两旁的香樟，斑驳的阳光穿过树叶打在身上的时候，我背着双肩包捧着图书馆的书一点点的看得青春明亮起来。

后来，我在上海。开始认识一些人，也开始给杂志写短短的稿。那个关于文字的梦想，其实一直都不曾丢弃过。总是期盼着有一天笔下的文字能在瞬间开出妖娆的花，然后做一个自由撰稿人，写自己喜欢的故事，故事里的少年和姑娘永远都不老去。有的时候想着想着，都有些迫不及待了。可是这真的是一条漫长的路，要有遭遇退稿后仍然敲着键盘继续写下去的勇气。

那天在网上看到白岩松为郑州大学的学生演讲时说的一段话，他说"理想不能天天想，天天想就没办法过眼前平常的日子了。如果你拥有一个清晰的理想，把它藏在心里头，努力做好眼前的每一件事情。也许，一段时间过后，你一抬头会发现，哟，这不是哪个叫作理想的东西吗？""理想"这个词，能让人瞬间眼神发亮，因为它轻易地就触及了内心最柔软的地方。

是的是的，梦想不是一日看尽长安花。埋下头来一小步一小步地走，哪天抬起头说不定看到的就是那片你期待了很久的地方。就像有人说的，梦想有脚，它自己回家了。

我的袜子，我的梦

　　前些年，朋友经常带我去一个户外店转，发现这里的最大特点是袜子格外的多。我就问老板："您这袜子怎么这么多样子啊？"老板一副爱答不理的北京爷们儿样："袜子多重要啊，谁不穿袜子啊？"同去的朋友听不下去了："看您这话说得，那裤衩背心还重要呢！"老板说："一看你们就是伪户外，这袜子分这么多种当然是有原因的。""分这么多种有必要吗？""好吧，告诉我你们去过最野的地方是哪里？"朋友想了想说是坝上吧。他说："是不是在那里有人帮你们牵着马在草地上溜达了半小时，然后在自己带的帐篷里待了俩小时然后觉得太冷又跑到小旅馆去了。"我们问他怎么都知道，老板嘿嘿一声："我也是那么过来的，这样的玩法跟袜子当然就没啥关系了。"

　　有一次，朋友的公司给老板带来了一笔大买卖，老板竟然请我们吃烤串。我们让他讲讲最近去哪里玩了。老板说："自从我开过这个店后，就没有出去过。"我们不信。他说："你们不是对袜子感兴趣吗，那我给你讲讲我是怎么做起这户外买卖的吧！"话说老板当年是个快递员。那时的快递行业还没现在这么发达，所以他对很多客户印象都很深。在一个小公司的前台，他经常给一个女孩送快递。他注意到每次都是一个轻轻地小包，而里面是什么东西，他又不好问。直到有一次，一个包裹漏了，他发现里面是两双厚厚的滑雪袜。后来他就注意了给这个女孩邮寄的地址，发现都是些户外用品店。而且那些包裹他感觉每次都是袜子。有点儿奇怪的是，再过一个季度左右，她又会把一大包袜子给发到一个固定的地点：一个遥远的地方。

　　由于职业的原因或操守，他无法与女孩达成深一步地交流。有一天，他在女孩身旁捡东西，无意中发现女孩左腿膝盖以下都没了。没有了脚为啥还要经常买袜子？他突然对这个女孩怜悯而又更加好奇。直到有一天，他发现公司的宣传栏上有一篇文章，叫《我的袜子我的梦》，里面阐述了她和袜子的故事："那次意外以后袜子只能穿一只，但是追寻世界的梦想不能变。以前的袜子藏在我的鞋里面，现在我的袜子就是我的鞋。买各式的袜子，就是希望能想象穿着它们走不同的路，经历不同的泥泞和丰饶。我把这些袜子积累起来，直到挂满一面墙，然后再把它们送给曾经去过的一个地方的年轻人，他们也许从来都没有穿过这么好的袜子。但是，他们还有脚。让他们爱惜自己的脚，让他们去憧憬外面的世界，替我走我未完成的路。想象有很多不同的人穿着我的袜子行走在云海林间大山丘陵，我就感到脚又回来了，我变成了孙悟空。不，沙和尚。孙猴子总喜欢踩着筋斗云在上面飞，只有沙僧才是挑着担子脚踩大地的。"

话说当时他看着这些真想哭，偏巧旁边有个大嫂说了一句"做白日梦呢"，然后对旁边的人说："咱们这儿的头儿，也就是可怜她才让这一个残疾人来上班，不过据说能免不少税。可是，那天一个客户突然看到她没脚，吓得差点儿把咖啡杯掉在地上，生意差点儿谈崩了，你说这事到底值不值？"听了这话，他积蓄的泪水一下子崩出来了。那天，正好女孩又把一大包崭新的袜子交给他快递，他突然问了一句："这都是你一双双买下的吗？"女孩说："是啊，我一个人哪里穿得了这么多，我看得腻了，就把它们捐出去。你看，其实我是个不需要穿太多袜子的人。而且，户外的袜子都很结实。最重要的是——不分左右啊，对我来说一点儿不浪费。"说完，她把自己一只下面空荡的腿给他看。

老板没多久便辞了职，开始以袜子为特色卖户外用品，他这里有几个残疾人。他说："我赚钱的同时也想让他们过得好一些。我们的袜子质量都很好，但也不便宜，因为我不想让人们把它当成易耗品。我们对残疾人有折扣，而且固定有一部分收入会捐出去。"我们说："你和那个女孩再有没有交集啊？"他说："没有，她其实就是我的一个引路人。不过，有时我进新袜子的时候会想起她会不会喜欢。"我们感叹，有些梦，虽然做梦的人彼此不知晓，但其实是一起做着的。

折腾，是对梦想的尊重

　　山东小伙儿曹继鹏是一名80后。当众多年轻人拿着手机、指尖滑着屏幕，一页页地刷着微信的时候，他却从中看到了潜在的商机，顺势而为，在微信平台上大做文章，竟然折腾出了千万财富。

　　出生在农村的曹继鹏，从小就爱"折腾"，爸爸给他买的电动玩具，没玩多久就被他一一拆开，弄得面目全非。读初中时沉迷于上网、玩手机；高中时背着爸妈开起了网店，专做数码配件批发，没想到毕业时就挣了8万元！爸妈愕然，老师惊讶，高中就开始创业，这孩子的财商真了不得！

　　高考后，他读了济南职业学院。走进大学，没有了考学压力的曹继鹏坚信，不折腾的人生太平淡。大一时他就在学院举行的校园创业大赛中获得了第一名的成绩，凭着这次大奖，加上他多方奔走，很快拿到一笔投资，创建了APP"校内校外"。这是一个汇聚B2C优惠信息、学生即时通信和官方消息通告的大学生互动平台。可惜因市场定位不准、推广力度不够，最终败给了校内网。

　　那天晚上，曹继鹏和几位朋友到一家餐厅就餐。经过苏宁大卖场时，他看到门口正在搞一场大型演出，现场的观众可以抽奖，消费者凭借奖券到店内领取奖品，引得众多顾客进店选购。吃饭时，大家又回到了这个话题上，曹继鹏说道："这样的活动究竟带来多少购买力，真的是未知数。如果把这些营销的费用用到微信上，后台的数据就能看得一清二楚！"一块儿创业的李铭随即说道："当初'校内校外'生意好的时候，咱们学校周围的那些小店不是经常让我们帮忙运营微信平台吗？这些小微企业几乎没有专业的媒介给他们做宣传，咱们何不在微信上花点儿心思呢？"曹继鹏心想："确实有道理，麻雀虽小，五脏俱全，每一个卑微的生命种子都值得培养，再小的个体也有独立的品牌，他们的宣传渠道太少了。利用微信就不同了，因为微信号不同于美团，美团是借助别人的平台。微信只需扫一下就可以点菜或支付，一旦成为粉丝，还可以后续互动，再次转化。"曹继鹏越想越觉得用微信做营销这条路大有可为。

2013年底，曹继鹏找到7个弟兄，创立了"泰鹏微信通"，开始第三次创业。

不曾想，第一笔生意仅仅用了几分钟就谈成了。让曹继鹏更有信心的是，有很多小商户即使用了那些"高大上"的微信窗口，却不懂得如何运营和推广，往往卖出初始页面后就没有了下文。"泰鹏微信通"要做，就必须在这个方面做好。于是，他打出了"唯——家售后服务全包服务商"的口号，基础开发往往只需要3000～5000，但后期营销策划的服务却可以卖到上万元。

2014年，随着"泰鹏微信通"的发展，曹继鹏觉得学校免费提供的场地太局限，资金也困难。但作为一个尚在读书的学生，要想获得投资人的信任谈何容易？短短两个月的时间，曹继鹏就瘦了10公斤。这时候，老师帮他出主意道："以赛融资是个好办法，我觉得你还是参加创业大赛，目前就有一个赛事活动，你要抓住这个机会……"曹继鹏听从老师的建议，精心准备的项目获得了山东省互联网创业大赛的银奖，他也终于获得了关注，融资问题迎刃而解。

微信几亿级的客户量有着巨大的挖掘潜力，曹继鹏从微餐饮、微婚庆到微医疗，他的微信营销越折腾越大。2015年1月，曹继鹏投资500万元收购了毛奇科技公司。如今他已在威海、青岛、菏泽等地打造了近百家代理商，连山东广播电视台也都有合作项目，还为浪潮集团做起了关于税务内容的内部程序设计。成了山东最大、全国领先的微信开发服务商，年营收额达6000多万元。

当有人打趣地说他小微信里折腾出大财富时，他总是呵呵一笑道："折腾，是对梦想的尊重。我们每个人都要在工作中力求折腾，燃烧自己的热情去挑战，在折腾中进步，在进步中实现梦想。不去折腾，就会有负生命给你的上场机会！"

把曾经的胡想，变成自己的理想

　　弟弟大学毕业后应聘到一家外贸公司工作。当时招聘会上还有几家效益更好、待遇更高的企业，而弟弟之所以将这家外贸公司作为首选，仅仅是因为这家公司和非洲的很多国家有业务往来。

　　去年夏天，公司驻肯尼亚办事处进行人员调整。这个机会弟弟已经等待很久了，他立刻向公司提出外驻申请。由于人们的眼睛都盯着欧美，外驻非洲国家的空缺很多人避之犹恐不及，所以申请很快就得到了批准。

　　弟弟选择了驻非，就意味着在以后很长一段时间里将失去被派往欧美国家的机会，这使父亲非常生气。弟弟并不想对自己的选择做过多解释，只是告诉父亲："我要去了却一个心愿。"——那是一个秘密，一个只有我和弟弟知道、在他心中埋藏了十几年的秘密。

　　弟弟走后一个多月给家里邮来了两张照片，一张照片里，弟弟一边攀爬肯尼亚国家公园内著名的树上旅馆的木梯一边惊喜地向下张望，不远处几头狮子正匍匐在草丛中窥视着在溪边饮水的瞪羚；另一张照片里，弟弟背靠观光车伸手做胜利状，前方一头母狮子正领着四头小狮子在草地上嬉戏。

　　父亲翻来覆去地看着那两张照片，皱着眉头若有所思，大概回想起了什么。我想，是时候将那个秘密公开了，于是拿出弟弟保存至今的小学五年级时的作文本给父亲看。那上面有弟弟的一篇作文，题目是"我的理想"。弟弟说，他的理想是做一名马戏团的驯兽师，整天和狮子生活在一起，把威风凛凛的百兽之王驯养得跟小孩子一样听话。如果做不成驯兽师，那么有朝一日他一定要到非洲去和狮子一起生活几天，看它们捕食、玩耍、睡觉，和它们照一张大大的合影……作文后面老师的评语是："理想不是胡想。"

老师的评语使弟弟很伤心，于是他把作文拿回家给父亲看，指望从父亲那儿得到肯定和鼓励。父亲一边和着煤球一边听弟弟念完作文，然后哈哈大笑道："写得好，写得好！很有想象力。不过儿子，老师的评语也没错，你是在胡思乱想，因为你既不可能做驯兽师，也不可能到非洲去，所以任何人都敢保证你不可能和狮子在一起生活，哪怕一分钟！"

父亲和那位老师不会想到，他们的话深深刺伤了弟弟。那天晚上，弟弟在被窝里问我："别人凭什么保证我以后能干什么不能干什么？"他向我发誓，这辈子他一定要到非洲去一次，一定要照两张和狮子在一起的照片给父亲和那位老师看。

现在，弟弟实现了自己的誓言。

"这小子真犟！"父亲沉吟片刻，微笑着说。我听得出，父亲的话不是埋怨，而是赞赏，是为自己有这样一个犟儿子感到自豪。

人要成就一件事情，很多时候是需要有这么一股犟劲儿的。弟弟所实现的，并不是什么惊天动地的大事，但是他的行动如同这样一个宣言：别人觉得不可能的事情，在我未必就不可能。我的未来不要别人保证！

影响一生的座右铭

　　他大学毕业去应聘，却一次次失败。其中，他最看好的一家公司，去了后，什么条件都达到了，可到了面试时，他却面红耳赤，期期艾艾，最终还是落聘了。

　　他回到家里，一头倒在床上，沮丧极了。

　　他知道自己为什么会临场慌张，因为他的右手有残疾，小时得过小儿麻痹，手伸不直，弯曲着。这一直都是他心中难以消除的阴影。

　　他想，他的路在何方呢？就在这时，那个公司老总王老板送来一封信。打开，信上是十分潇洒的行书，上面写道：小伙子，我虽没有聘用你，但要告诉你，有一点残疾没什么，那不是你的错。告诉你一个秘密，我也是个残疾者，有条腿是假肢，因此我能理解你的心情。当年，我也像你一样，自卑难受，这时，别人送了我一句话：折断的树照样开花。此后，在这句话的激励下，我一步步走出来，走到今天。现在，我把它送给你吧。

　　他读了眼前一亮，想不到那么大个公司，老总竟然也是残疾人。他想，自己为什么不能放弃自卑彻底抬起头来呢？

　　他找来一张宣纸，工工整整写下这句话：折断的树照样能开花。然后，裱好，认认真真贴在墙上。每天出去回来，都轻轻读一遍。他做老师的父亲见了，也不由得夸到："真有哲理。"他自豪一笑："当然，不然人家怎能领导那么大一个公司。"

　　此后，他笑对应聘也笑对失败，更笑对自己的残疾。

　　在经历第N次失败后，他又一次走离应聘现场，面带微笑。这时，那个公司的老总见了，很是好奇，问起他的情况，喊住他道："小伙子，恕我直言，你身体有缺憾，又落聘了，应当很沮丧，却为什么总是一脸微笑，和其他人大不相同呢？"

他静静一笑，告诉对方，因为他的心里始终相信一句话：折断的树照样能开花。

老总听了，击节称赏，当即决定："小伙子，你被聘用了，冲着你的那句话，我知道，你可能会失败，但你绝不会被失败打倒。"

他进了公司，从最底层干起。

二十多年后，他终于成为这个公司的老总。

他决定去拜访王老板，表示感谢，是他的那句话，一直激励着自己，使自己走出自卑，走向成功。他去了，王老板热情地迎接了他。当他谈起当年的那件事，王老板大惊，告诉他，自己双腿很好，没有假肢。说完露出来，果然是的。

他拿出那封信，王老板看了，连连摇头，惭愧道："这样的文字，我还真写不出来。"

他拿着信，顿时傻住了。

他想到那个二十多年前的下午，想到父亲拿回信时满眼期望的样子，刹那间，心里彻底明白了。

后来，他在自己办公室里也挂上这句话。每一次有年轻人应聘时，他都会来到现场，讲这个故事。他想，如果应聘者落聘了，那么就用这句话激励他们；如果成功了，就用这句话告诫他们，将来如何面对事业上的挫折。当然，如果身体和他一样，就用这句话作为他们的座右铭吧。

发现另外一个真正的自己

　　还是小女孩的时候，我总是梦想着快点长大。记得读小学时，常常希望一觉醒来就可以变成大人，可以自己做决定，可以做任何想做的事情，不用再处处被管，受限于大人。

　　这个想法到了念大学的时候，突然有了一百八一度的转变，我变得不想长大，不想进入大人的世界。那个时候的我，对人生觉得很茫然，根本不知道自己究竟想要做什么，更看不到自己的未来。即使我学的是热爱的绘画，就读的是艺术科系，但是这并不代表我对人生就没有不确定感。

　　所以大学毕业之后，因为看不到未来，就理所当然地攻读研究所，继续待在学校里念书。没想到等拿到硕士学位之后，我依然没有找到答案，对于未来，还是感到非常不安。

　　但是这是一个必经的过程，很多人都会遇到自我认同的问题。在"做自己"之前，一定要先"寻找自己"，在这个过程中，可能会有感觉孤单的时候，除了对于未来感到困惑，有时甚至连自己的外形都不满意。

　　这时候最快入手的当然是从外表的摸索和改造做起。年轻时候的我，简直是把自己当实验品一样，曾经留过很长的头发，也剪过很短的发型；有时把头发吹得张牙舞爪，也有过把头发烫得又黑又直；我穿过极为淑女、秀气典雅的衣服，也做过十分男性化的装扮；我涂过黑色的指甲油，甚至还擦过绿色的口红。这些极端不同的穿着打扮和外在形象，其实是我寻找自我的过程中，在找不到出口时的一种宣泄。

　　当一个人的外表可以有如此巨大的落差，其实也显示其内在的彷徨与茫然有多么剧烈。

我从进大学读书，一直到三十岁的那段岁月，因为不了解自己想要什么，可以做什么，更不知道未来该往哪里走，曾经像无头苍蝇一样到处算命。各种形式的卜卦，从鸟卦、龟卦、八字、紫微到星座、塔罗，不分中西，无论门派，从路边摆摊的算命相士，到退休将领御用的命理大师，只要我知道，一定想尽办法登门寻找解答，希望能为我指引一条明路。

那期间我也举办过几次个展，只是最后连一张画作都没有卖出去。于是周遭各种关爱的眼神和声音就开始陆续出现，很多亲戚朋友都私下跑来跟我爸妈咬耳朵："你们花了那么多钱和时间栽培这个女儿，但是她真的能靠画画维生吗？再这样下去，将来要靠什么生活呢？"爸妈经常被问得哑口无言，一方面暗暗担心，一方面也觉得脸上无光。

事实上，一个艺术家的成就，怎么可能光靠几次个展，或是卖出几张画作就能决定呢？那些亲戚朋友的关心，对当时的我来说，其实是一种相当大的压力，但又不能回呛："你们根本不懂艺术！"

当我苦思未来究竟在哪里时，还同时被一场又一场的相亲邀约淹没。那时候家里的电话每天响个不停，一大堆人抢着帮我介绍对象，爸妈也乐见其成，希望我可以赶在三十岁以前找个好男人嫁了，否则等到三十岁一过，一切就来不及了。

我很顺从地参加了一场又一场那些远亲近邻拍胸脯挂保证、大力推荐的联谊会，但是爸妈从头到尾都没问过我喜欢什么样子的男生，只是按照他们的期待帮我安排。譬如我读到硕士，那就非得找个也有同等学历的男生，要不然就是家世背景比我们更好的对象，至少生活可以很优越。

可想而知，最后我跟这些相亲对象都不了了之，因为他们都不是我的菜。等到过了三十岁之后，这些登门牵线安排相亲的电话突然停止，大家都笑说曲家竟然有个三十岁的女儿还没嫁出去，仿佛我的赏玩期限已经过了，一夕之间我从婚姻的媒介市场中被踢出来。虽然听起来有点难过，不过我心里却觉得松了一口气，原本被催婚的压力瞬间消失，我终于能够开始过起属于自己的生活了。

孔子说："三十而立。"当我进入三十岁之后，真的好像才开始独立。对我而言，三十岁到四十岁是人生的奋斗期；我感觉三十岁离四十岁真的很近，那时忽然有一种莫名的危机感，觉得如果不能好好地把握接下来这十年，我的人生似乎真的就要完蛋了。

就像是时间到了，我开始进入内在另一个阶段的旅程，思考着：我是谁，我为什么在这里，我的未来在哪里？这些一时半刻找不到答案的问题，我每天都在问自己，直到今天，我仍然在拼凑自己的样子。

有时候我从电视上看到自己，会突然发现："喔！原来我是这个样子！"有时候从学生的眼里看到自己，我又会意识到："喔！原来我是那个样子！"人生到了中年这个阶段，还可以发掘自己的多种面貌以及不同的可能性，实在是一件超级快乐的事，根本不会因为年纪增长而感到可怕！

我承认，无论在身心各方面，我是一个比较晚熟的人，我人生的第一份工作，也是等到三十二岁才开始，比起一般人起步晚了很多。

二十五岁那年从哥大毕业，拿到硕士学位，我的同学差不多都在那个时候进入社会开始工作，到了三十二岁不少人都已经小有成就。有人在银行上班，有人在媒体工作，也有人在外商公司任职，看起来都是那么光鲜亮丽，大家的生活听起来都非常多姿多彩。讲到我的时候，朋友就会说曲家瑞是艺术家，所以不能用一般的标准来看待。只是这样的话听在我的耳朵里，一点儿也不令人感到高兴。

那段时间，我对这个世界充满怨气和不满，只是一味地愤世嫉俗，从来不会反省自己为什么没有长进，觉得这个世界亏欠我太多，对我太不公平；我这么有才气，却没有人看见，想到这里就十分愤恨。

我很幸运，从小就知道自己喜欢画画，并且得以把自己的兴趣跟工作结合。在那些充满怨怼、恼怒的日子里，有一个可以自我陪伴的兴趣，借由持续地画画，得以抒发自己的情绪。这一段自我探索的过程，给我信心，让我认同自己，也帮助我找到了人生的答案。

即使无法结合专业和兴趣，还是可以从自己喜欢的事情中，找出一两件，尽全力投入其中，甚至做到专业的程度。

如果你喜欢唱歌，就要尽情歌唱；如果你喜欢跳舞，就要痛快舞动。持之以恒地钻研，让兴趣不仅是闲暇之余打发时间的事情，还可以陪伴我们，甚至发现更深层面的自己，成为自己的另一个专长。

寻找自己究竟要花多少的时间呢？其实没有确定的时间，我甚至觉得人一辈子活着都在探究自己，我们就像一座丰富的宝藏，不断地挖掘，你就会看到很多面向的自己。原来我是这么有潜能啊！原来我也可以做到这样的事啊！所以寻找自己是没有终点的，但你一定得出发，才可能从过程中得到"发现"的乐趣。

做一条小河里的大鱼

1853年，在纽约曼哈顿街的一个阁楼里，一个德国人成立了一家小小的钢琴制造公司。这个德国人是一名技艺娴熟的木匠，曾制作出多架精良的钢琴。

公司成立之后，德国人带着他的几个儿子开始了艰苦的创业。最初的时候，由于一家人都是用手工制作钢琴，因此制造的速度很慢，即使他们十分勤勉，要制造出一架钢琴也需要差不多一年的时间。而无论花多少时间和精力，这个德国人都一再告诫儿子们："要么不造，要么就造世界上最好的钢琴。"在父亲的感召和带领下，几个儿子日复一日对钢琴精雕细琢，先后取得了一百多项发明专利，无形中谱写了现代钢琴制造业的新篇章，而他们制造的每一架钢琴都因做工精良、品质上乘在市场上奇货可居。

1871年，这个德国人去世后，他的儿子们继承了他的事业。此时，随着钢琴市场需求的急剧增加，他们公司生产的钢琴供不应求，订货的清单像雪片一样涌向公司。为此，公司多次召开紧急会议，商讨是否适当降低要求，生产一些中、低档钢琴，以适应市场不同文化和层次的消费者的需求。但是，每次在最后的时刻，公司创始人的话总会在儿子们的脑海里响起，使得举棋不定的决定在那一刻显得异常清晰："不，要么不造，要么就造世界上最好的钢琴！"

时代的发展日新月异，多少钢琴制造公司纷纷兴起，抢占市场份额，鱼龙混杂，泥沙俱下，只有那家公司踏着不合时宜的慢节拍，依然采用最为严格的方式制造钢琴。那些经过精挑细选用来制作琴壳、琴盖、音板和击弦机的木材，要在公司专门的木材场、干燥室和控温室里置放数年，完全符合要求后才会使用。因此，即使公司扩大了生产规模，每年生产出来的钢琴仍旧很有限，订户往往需要耐心地等待数月甚至一年以上的时间才能拿到琴。

这家钢琴制造公司，有一个享誉世界的名字——"斯坦威公司"，生产的钢琴就叫斯坦威钢琴。斯坦威钢琴拥有最动人心弦的音色和无比敏锐的触感，工艺超群，音质绝佳，代表了三角钢琴和立式钢琴的最高水平，哪怕是要求最为苛刻的钢琴演奏家也会为之折服。它是肖邦国际钢琴大赛、柴可夫斯基国际钢琴大赛的指定用琴，是全世界无数音乐家公认的首选品牌。

斯坦威公司从成立至今已走过了一百六十多年的历史，其间兴起又倒下的钢琴公司不胜枚举，只有斯坦威公司声誉日隆，屹立不倒。时至今日，公司生产的钢琴仍供不应求，即使一架斯坦威钢琴的价格比得上一辆奔驰的价格，人们依然争相购买。

斯坦威公司的创始人叫亨利·恩格尔哈特·斯坦威，从公司成立的那天起，这个做事严谨可靠的德国人就把制造世界上最好的钢琴作为公司简单而唯一的目标，而其后他的儿子以及后来的继承者们都坚定地执行了这一标准，宁愿牺牲大量订单，也绝不粗制滥造，从而创造了公司一百多年的辉煌业绩。事实证明，做一条小河里的大鱼，比做一条大海里的鲸更容易成功。

梦想，其实并不急着去实现

蔡康永出生于台北，年幼的他特别热衷表演，九岁时开始唱评剧。从幼儿园到高中的十五年学生生涯里，勤奋好学又多才多艺的蔡康永几乎包揽了代表学校参加的作文、辩论、演讲等所有的校际比赛，赢得了很多光彩夺目的荣誉和奖励。

少年时期，蔡康永有了自己的梦想，那就是做一名电影导演。他对电影很感兴趣，希望通过拍电影来给人们讲故事，带给人们快乐和力量。从中国台湾东海大学毕业后，蔡康永到美国加州大学洛杉矶分校读电影电视研究所。

从美国学完电影回到中国台湾，蔡康永先是在大学做讲师，又参加了一些电影制片、编剧、影评的工作。虽然这些工作都与电影有关，但却并不如他意，他想要的是一开始就进入正式的轨道，站在电影导演的起点上，然后一鼓作气，实现梦想，正所谓"出名要趁早"！

因此，蔡康永一直因得不到机会，找不到合适的平台而闷闷不乐，工作时也失去了最初的热情和动力。有一次，蔡康永以嘉宾的身份录制一档节目，节目录制完毕后，蔡康永和主持人聊了起来。主持人是一位头发花白的老者，从老者一丝不苟的工作中可以看出来，他非常喜爱自己的工作。

蔡康永羡慕地说："做主持人是您的梦想吧？您真幸福，做了一辈子喜爱的工作。"老者点点头，又摇摇头，说："没错，做主持人是我的人生梦想。不过，我是从去年才开始做主持人的。"

老者说，童年时，他就立下了做主持人的愿望，他也一直在为这个目标而努力。大学毕业后，他没有如愿走上主持人的道路。但他一点都不急，也没有懊恼和沮丧。他觉得趁着年轻，为什么不尝试一下其他的可能和乐趣呢？也许当时的年龄正适合当下的工作呢！后来，他做了不同的工作，在尽力把每一份工作做好的同时，也没有忘记当初的梦想，不断地在为做主持人而积极地准备着。直到去年，终于争取到了一个适合自己的节目。而且由于多年来积累的经验，老者主持起节目来游刃有余，很有独特的个性和魅力。

老者的话如醍醐灌顶，一下子点醒了蔡康永！他不再着急去完成自己的梦想，而是安心做好当下的每一份工作。做主持人、做杂志总编、做节目部创意总监、出书，他认真对待眼前的一切。他相信这些最终都会以另一种方式回馈给自己，而事实上，他的认真和付出也为他赢得了很多精神上和物质上的回报。

直到2015年，蔡康永从《康熙来了》辞职，他觉得是时候实现自己的梦想了，他要开始往电影界发展。他动情地说："没有道理梦想要在一开始就统统都搞定，你要给自己的人生保留不同的乐趣。如果有梦想尚未完成，不要着急，可以等到对的年纪，不过在等待的过程中你要不断地靠近梦想，我一直没有离开过我的梦想。"

所以，不必急着完成梦想，可是要不断地贴近梦想。在贴近的过程中，我们会庆幸：还好，我的梦想还没有完成，所以我觉得好像还有一条长长的路可以去追，这是一件多么美妙的事情呀！

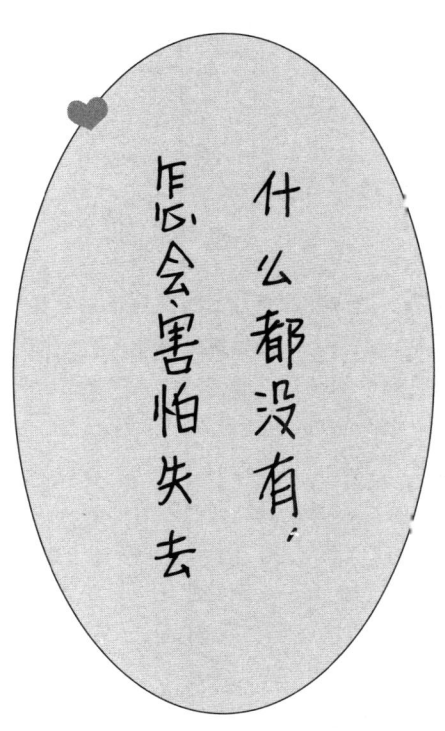

什么都没有，
怎会害怕失去

你说你害怕失去，
请问你拥有什么？
你是有上千万的存款，
还是限量版的豪车？
是身系他人性命，
还是掌握他人命运？

什么都没有，怎会害怕失去

你说你害怕失去，请问你拥有什么？你是有上千万的存款，还是限量版的豪车？是身系他人性命，还是掌握他人命运？如果你有这样的理由，你可以忧虑；如果你什么都没有，那就是杞人忧天。

刚工作的时候，我什么都没有。一个人也不认识，也没有任何靠山。没有人教我如何把工作做好，也没人教我如何扩大自己的交际圈；没遇见过任何指导我的前辈，也没遇见过任何良师益友。

第一次去见知名教授的时候，领导置之不问，他不会告诉我该怎么做，也不会告诉我该注意什么，人家忙着几十万的大单，根本没有心思管我这几万块钱的合作。我谈成了，就夸奖我，我谈不成，也不会把我怎样，他只是要个结果。

去的时候，我心惊胆战，怕教授看到我之后觉得我年轻；怕经验不够，说话露怯；怕表现得不好，把事情搞砸。

倒了几次车到教授家的时候，他见到我说的第一句话是："你就是××啊，那么年轻！"

在谈话过程中，各种担惊受怕，但又真诚坦率。该说的说，不该说的不说；知道的就是知道，不知道的就是不知道。在一个真正的文化大家面前，你真的别想装什么大头蒜。

后来，我走的时候，教授送了我很多书，又是签字，又是盖章，还亲自把我送到车上。

这是头一次，只能硬着头皮往上冲。但是我拼了这头一次，换来的是后来很多次。

因为我年轻，所以我不怕。我不怕被人轻视，也不怕被人拒绝。人家本来就比我有钱、有地位、有学问、有修养，轻视我是很正常的。找他合作的人那么多，拒绝像我这样一个刚毕业的年轻人，也没什么错。不用把那些原本子虚乌有的事情看得那么重。

成了，自然欢喜；不成，也不会觉得天塌地陷。总要有无数次的尝试，再从无数次的失败中获得几次成功。

很多朋友问我，每次都是怎么跟名人沟通的。说实话，我没有任何技巧，也没有任何本事。我唯一能做的就是无所畏惧，再加上坦诚。记得有一个非常有名的作家跟我说过："活到我这个年纪，我只需一眼就能看穿对方是什么人。"在这样的人面前，没有必要装老成，把自己耍的像只猴。

与其瞻前顾后、拐弯抹角，不如直接、坦率。如果对方觉得你肤浅，不想跟你合作，也罢。但因为你简单、真诚，敢想敢做，跟你合作也是大有可能的。

年轻是一种资本，一种能让人信赖的资本。在这个繁杂喧嚣的世界，他们被多少人坑蒙拐骗过多少次？他们变得不再也不敢去轻易相信别人，跟别人谈心说事总是隔着肚皮。但是面对简单的你的时候，他们可以无所不谈，无所畏惧，因为他们心里有数。而你本来就一无所有，不论被人看穿还是揭穿，结果都真的不会怎样。

天下有很多金豆，要看你怎么去捡。

你连一个盛金豆的碗都没有，你有什么好担忧的。你要做的，就是无所畏惧地去努力，先获得一个，才能获得另一个，然后获得更多。而对于一路上失去的，不必担心，本来你就未曾拥有。不要因"痛"小而失大。

你不是投了几千万失败了就会破产，也不是抵押了房子和车子拿不回来，大不了就是失去一份糊口的工作，又没什么倾家荡产可言，你怕什么？

年轻的时候，你想要安稳；年老的时候，打算坐享其成，天下没有这样的好事。

在最敢做梦的年纪，去做梦；在最无所畏惧的年纪，勇往直前。

踏出去，你才会拥有更多，千万别说，你不想要什么名誉地位、富贵荣华。

不管你是否了解这个世界的规则，都没有人会惯着你。想要被人呵护，那你不应该出来，而应该躲在家里。

这个世界不会因为你不懂，就让着你，也不会因为你是未经世事的学生，就对你好一点。相反，正因为你不知道社会的规则，它会对你打压得更狠；正因为一些人知道你涉世不深，更会张牙舞爪地对你坑蒙拐骗。

所以，不要再四处抱怨、泪流满面地说你多可怜、多简单，很多人都很可怜，你不过是其中之一而已。你之所以可怜，是因为你自己没有挣脱可怜的能力。你学不会保护自己，别人也不会教你。

在职场里，你不要觉得自己是个新人，就会有人庇护你、让着你。哪有人会庇护你？哪有人会帮你？你刚到一个公司，有人搭理你就不错了。表面上跟你嘻嘻哈哈，说有什么事情可以找他。但当你真正找他的时候，人家只是装看不见。不是别人太做作，是你不懂规则、太认真。

谁都不欠你的，所以别指望谁会让着你。你不懂、不了解，就是要被误解、被骗。如果你能早日明白这个道理，碰得头破血流又有什么关系？这世界上大多数人都是这样走过，残酷并不是针对你一个人。

给坏脾气找个出气筒

　　四年前，林强从一所211高校的机械设计专业研究生毕业之后，应聘到合肥一家实力雄厚的私企集团，做产品研发设计员。因为能力突出，研发出来的产品成功申请到专利，加上出色的英语口语水平，一年后，他被总裁"钦点"做总裁助理。能得到公司最高领导的青睐和重任，林强受宠若惊，全身心地扑在工作上，"白加黑、五加二"，心力交瘁也无怨无悔。

　　随着公司业务的不断拓展，林强需要经常陪着总裁出差，在城市间飞来飞去，谈判、应酬这些本来他不擅长的"科目"，他都得按领导的要求或者"规则"不打折扣地执行。不到一年，他就HOLD不住了。表面风光，内心疲惫，受了委屈，遇到烦心事，他在公司也不敢和领导、同事们讲，回到家看到不顺眼的事，就朝父母、妻小发脾气。他发起火来好像失控的机关枪，家人也理解他的压力和心情，每到他发火时，家人都默默地走开，压根儿不敢劝他。

　　一次，总裁看到他工作效率明显不如以前高效，而且脸色很差，就问了一下。面对总裁的关心询问，林强惴惴不安地说出了心里话："周总，我前天做体检了，医生查出我的胃病加重了，说以后不能再饮酒和不规律地饮食了。您看，我是不是可以换换岗？老这么多应酬，怕身体受不了……"结果，他如愿以偿，被安排到分公司的一个厂做厂长了。

　　远离"凤尾"，做了"鸡头"，林强觉得自己是这个厂的一家之主，可以发挥自己的专长和管理才干了。可刚一上任他就发现，这个分厂的现状远比自己想象的复杂，手下的员工特别是个别中层对他这个"空降干部"并不买账。于是，他开会旁敲侧击地强调服从公司领导和团结一致的重要性，结果收效甚微。林强不甘心，不止一次地下决心："老虎不发威，你当我是病猫啊！我非找个机会树树威风，让你们见识见识，我不是带着错误来改造的，更不是好惹的！"机会很快来了。

集团公司要求林强负责的这个分厂赶一批货，元旦之前要保质保量地完工。加班加点干了半个月了，没想到快完工时却出事了——后勤部门的一个老员工，上夜班有些累了，加上当时活不多，他就戴着耳机听着歌进锅炉内侧取暖了。没想到过了一会儿，几个普工推着一小车钢材从外面进车间了，他们也不知道锅炉里面有人，直接把钢材往锅炉里推，取暖的老员工的脊椎当时就被撞断了。

林强当时不在厂区，但接到电话的那会儿，头都蒙了！天天开会讲安全、怕出事，到底还是出事了！他心急火燎地赶到车间，马不停蹄地召开分厂的全体员工大会，会上讲到激动处，情不自禁地发了一通脾气。而那几个普工像是被罚站的小学生一样很委屈，但也不敢吭声。看着面前的一个个灰头土脸、疲惫不堪的普工，他刚刚找回来的自尊和自豪突然消失了，继而沉默了，因为他们的眼神，有太多的东西：无辜、无奈、无力……一瞬间，他的心好像被一把利刃狠狠地戳了一下，幡然醒悟：自己得控制住自己的情绪，这是一个领导应该具有的素质和职业要求。此后，他遇事都是"先处理心情，后处理事情"，他不再随便发脾气，还形成了一套行之有效的方法：

1.遇到急事、一时无法接受的事情，性情不冲动，深呼吸，沉默三秒钟。别小看这三秒钟，它很有效果——让心情沉静，让大脑冷静，尽可能快地了解事情的来龙去脉和当事人的处境。

2.需要综合考虑、统筹全局的事情，一时难以抉择，就通过听音乐、和朋友喝茶谈心等方式，让身心放松下来，再回职场，处理事情的思路和方法反而容易突破瓶颈，自然也就不会再发泄自己的脾气，为难下属，影响团队团结。

3.学会倾诉、倾听。不仅给家人讲讲一天的工作概况，还和同事朋友多聊聊工作中的得失，沟通顺畅，知己知彼，很多误解和困惑也许就在一杯茶、一个微笑中烟消云散。

4.实在扛不住的时候，就和喜欢健身的亲朋去健身房，跑个畅快淋漓，释放压力；或者到一个无人的地方，大吼几声，出出囤积在胸口的闷气——别把自己绷得太紧，张弛有度，职场才能从容不迫，游刃有余。

身为职场之人，无论职位高低，都要学会控制自己的情绪，这是成熟的表现——不向上司发脾气，因为发泄了一时之愤就可能自毁前程，后果根本"伤不起"；不向下属发脾气，因为自己的一句话都可能影响他们的工作效率，甚至一天的心情。

职场中，很多事情不如意，不是一时或者一人的疏忽或过错，而是综合作用的结果，多从自身找原因，不能责备求全，更不可"能力没长、脾气猛长"。退一步讲，每个人或多或少都有点脾气，适时地给脾气找一个合理的出口，而不是任它左右自己。一个有自信、有担当、有度量的职场达人，不仅能掌控场面，更能克制自己的情绪、理性处事，化脾气为志气，宽容他人、完善自我、超越自我、成就自我。

职场上，也需要"计较"

　　找工作，大都盯紧的是待遇好的、提升空间大的，而对待遇低的、繁忙不堪的工作，往往不太待见。久而久之，后面这类工作成了"冷板凳"。我从原单位辞职后，转行到一家公司当档案管理员。干这差事，枯燥乏味，关键是很难干出成绩。我偏偏跟这"不好"的工作较上了劲儿，不仅将档案整理得井井有条，而且留心各种资料折射出来的问题。

　　三个月后，公司开展意见征集活动，我做了一份图文并茂的报告，逐条提出建议。由于报告制作得既规范又精美，很快引起了老总的注意。我意识到，当你做好不好做的工作时，对工作的熟悉度和把握性会大大提升，以后做类似工作时会比较顺利。

　　不久，我因一个失误，差点给公司酿成不小的损失。那天，销售部主任打来电话，说电脑出现故障，存在里面的电子资料一时看不成，但急着与客户谈业务，让我将存在档案室的纸质版客户资料送给他。我根据便签，找到了相应的档案盒。但打开之后，我翻了几遍都没找到销售部主任所需的那份材料。十几分钟后，他连打了几个电话催促，我急得脑门冒汗，又查看了销售部存放的所有资料，就是找不到。销售部主任只好放弃等待，驱车赶往与客户约好的地点。庆幸的是，在他离开公司没多久，我在抽屉中找到了那份资料，及时送了过去，避免了一笔损失。

　　这次的失误，虽然领导只是轻描淡写地说了两句，但我一直过不去这道坎儿，不停地用那次"失误"跟自己说事儿。那次失误，是因为我急着下班接孩子，将未完成的工作留到第二天，而第二天因忙着其他事情而忘记归档所致。之后，我给自己定下一条规矩——今日事，尽量今日毕。如果有特殊情况，只能放到第二天办理的，就做好备忘录。我还买了一个记事板，挂到档案室最醒目的位置。

因为计较"失误"，并做好了防范措施，从那以后，类似的"失误"再没有重演。老总在到科室检查时，发现了记事板，听我讲了备忘录的由来，一向不苟言笑的他浮起笑意，对大家说："对工作的失误计较，这种认真负责的态度，会减少工作的风险。只有能面对失误，并解决问题的人，才能担当大任！"我给自己加压：领导对我肯定，是对我充满期盼。如果还有距离，应该努力弥补。我不敢有丝毫怠慢，铆足了劲工作。年终评先进，我所在的档案室第一次挤入先进部室，老总为我设置了一个"金管家"奖项。

只是，我发现几个同事对我不冷不热起来。几次，他们有说有笑地围在一块整理资料，我一凑过去，话题立刻就会中止，有的不声不响地走开，有的干脆毫无顾忌地叹口气。我有点丈二和尚摸不着头脑，极度郁闷。其实，我可以依仗老总的青睐，不把同事们的刻意疏远当回事。只是，我偏偏就是"计较"。一天，我忽有所悟：万事皆有因果关系，同事们既然选择疏远自己，肯定是我种下了"因"。

一天下班后，我发短信诚挚地邀请老吴出去喝茶。进档案室之初，老吴多次帮助我。老吴听我说了心中的委屈，稍稍犹豫，告诉了我"因"之所在。原来，我是最后一个到档案室的，却在短时间内赢得了老总的青睐，其他同事感觉没面子，有的不免嫉妒我。

之后，我以晚辈自居，想方设法地发挥自己的作用，为同事们提供力所能及的帮助。老总再到科室检查的时候，但凡对我提出赞扬，我都会说成绩是大家的，如果单靠我一个，难免考虑不周到。渐渐地，我赢得了同事们的理解。

过了一段日子，办公室主任的岗位出现空缺。老总心中有两位人选，一个是我，一个是老王。我虽然能力比较强，但老王阅历丰富。老总犹豫不定时，便进行民意调查，找了我们两人的同事谈话。结果，同事给予我很高的评价，而老王的民意得分偏低。老总认为，办公室主任要有非常强的凝聚力，不然执行力会大打折扣。于是，他果断地提拔了我。

我下定决心，在新的岗位，更要好好"计较"，不辜负老总的信赖。

舍"好做"，就"做好"

我们经常本末倒置，当我们搞砸一件事时，我们会说这件事太难做了，所以没做好。而到底是事情难做，还是我们没做好？谁都不知道。

正确的观念是："把事情做好，就算难做也好做。没把事情做好，就算好做也难做！"

遇到一个许久没见的部属，我关心地问："现在在做什么？"他回答："我现在开一间小店，可是实在很难做。"他接着反问："何先生，你知道有什么比较好做吗？我想找一个比较好做的事。"我无言以对。

每一个人都在寻找好做的事、容易做的事。公务员碰面会问：你那个缺好吗？意思是说：工作轻松吗？责任轻吗？薪水待遇高吗？生意人碰头会问：你那个生意好做吗？意思是说：竞争激不激烈？好不好赚钱？一般工作者相遇，问的也是工作好不好做，意思是是否"事少、钱多、离家近"？

我无言以对的原因是，世界上哪有好做的事，哪有轻松的事，哪有容易的事？可是为什么大多数人偏偏都这样想，每天都在找好做的事，许多人找了一辈子，什么也没找到，换得的是一生一世的蹉跎！

我听过一个医生家族告诫下一代学医要学皮肤科，千万别当外科医生，因为美容整形当红，好赚又没风险，外科医生太辛苦又危险。我还听过一对父母亲要小孩去当老师，不是要得天下英才而教，而是可以收补习费，而且退休生活优裕而轻松。

这其实都是令人伤感的说法，如果全社会的人都拣轻松、好做的做，那辛苦的事谁来做？社会又会变成如何的急功近利？

撇开社会的公益不谈，就个人的角度来看，工作趋吉避凶理所当然，但问题是一味地找寻好做的事，真能得到最好的结果吗？

我个人是不相信这个说法的，我不相信世界上有好做的事，更不相信有容易赚的钱，更没有简单料理的生意！

我不相信"好做"，我只相信"做好"，因为世界上没有好做的事，任何事只要你能把它做好，最后都会有好结果的。

一个人只想找好做的事，根本是认知上的错误，因为世界上没有好做的事，用一辈子寻寻觅觅，也不可能找到，结果只会落一个好高骛远、眼高手低、不切实际的批评。

寻找好做的事，是聪明人的思考，是用巧，是走快捷方式。选一件事，把事情做透、做好，是笨人的事，是痴人的思考，有的是傻劲，有的是执着。

"好做"的路，熙来攘往，人声鼎沸，大家都挤在一起，就算有好做的事，也早有人捷足先登，八字不够好、不够硬的人是轮不到的。而就算你有机会遇到，没一会儿，跟进的人也人满为患，一旦大家都跳进去做，好做的事也变成难做了。

"做好"的路，参与者较少，因为笨人不多。但是因为是做好，要靠苦力、靠耐力、靠死力，而一旦做好，别人就算闻香而来，跟进学步，也并不容易，这是管理学上所谓的"进入障碍"，也是所谓的核心竞争力。

舍"好做"，就"做好"，是当今竞争激烈的社会的成功要素，不再犹豫，不再寻找，也不要再问那个笨问题：你那一行好做吗？

去掉多余的东西

　　每个人都走在通往未来、梦想的路上，并且都希望脚步再快些，早日到达目的地。但是，我们走得却不是想象中那么快，速度常常很慢，而且也常常走得很艰难。究其原因，不在于路途的坎坷、艰险，而在于自己——背负了不该背负的东西。

　　古时候，一个农夫去外地办事，途中要过一条河，而河里没有船。于是他到附近的树林里砍了一棵树，用它做了一只独木舟。他驾着它过了河。上岸后，他没有丢弃这只独木舟。因为他想，如果前面再有河的话，它还能再用。一路上他被累得汗流浃背，有几次他也想把它丢弃算了，但是他不舍得。就这样，从早晨一直背到傍晚，也没有再遇到河，于是他埋怨自己："早知这样，何必背着这么重的东西赶路呢？"

　　很多情况下，我们就像这个农夫一样，背负了不该背负的东西，因此走得既慢又艰难。大家都知道，生命不是无限的，很多愿望、理想象花儿一样，都有自己盛开的日期，如果我们走得太慢，就可能错过它们的花期。也就是说，如果不能保证足够的进度，我们就会跟愿望、理想失之交臂。因此，我们该做的就是抓紧把背在身上多余的东西卸掉，轻装上路。

　　在这个物欲横流的时代，我们背负的不是独木舟，而是欲望、贪念、名利、财富、权力、地位……泰戈尔说："如果在鸟的翅膀上系上黄金，它就不能飞翔。"人也是如此。古人云：淡泊明志，宁静致远。一个人只有去掉那些多余的东西，才能带着自己的梦想越走越远，直至抵达梦寐以求的目的地。爱因斯坦是犹太人的骄傲，以色列建国时，想请他当第一任总统，但他赶快写信谢绝。他舍弃了不该干的事情，成就了自己的事业，也成就了一代伟人。

可见，生命所能承载的东西是有规定的，只有符合这个规定，它才能继续快乐、正常的前行，否则，它就会出现故障，殃及心情和生活。

有一天，孔子弟子子夏去拜见曾参。曾参一见子夏就打趣地说："怎么一阵子不见，就如此发福啊。"他却乐呵呵地回答："我打了一个大胜仗，心情舒畅无比，所以身体就胖起来了。"曾参疑惑地问道："这话是什么意思？"他说："我终日在家读书，学习先王之道，他们的高尚德行，令我心生敬佩之情，觉得能效仿他们一定很快乐。可是，出门之后，当我看见富贵人家身穿绫罗绸缎、享受豪宅美食、夜夜笙歌曼舞时，我又不由得心生向往之情，觉得如果能像他们那样生活一定很幸福。两个念头在我脑海里激烈斗争，我寝食难安，所以身体日益消瘦。现在先王之道终于占了上风，取得了绝对胜利，我的心情又恢复了安宁祥和，所以身体自然发胖了。"

由此我们不难看出：去掉那些多余的东西并非易事，需要我们以坚强意志为武器跟它较量，才能取胜。我们取胜了，就意味着经受住了考验，守住了自我。米兰？昆德拉说：生活是一棵结满可能的树。只要自我还在，一切就有可能。

有一个雕塑家，用一块普通的石头刻了一只鹰。它栩栩如生，振翅欲飞，观者无不惊叹。有人问他："您是怎么把鹰刻出来的？"他很平静地答道："石头里本来就有一只鹰，我只不过将多余的部分去掉，它就飞起来了。"

这真是一个耐人寻味的回答——尘世中的我们，多像一块块的顽石，但是石头也能变成鹰，只要去掉那些多余的部分。

即使做服务员，也要做得像明星

他16岁的时候，父亲患病去世，家里的天一下子塌了下来。

埋葬了父亲之后，母亲感到自己仿佛成了无源之水，为了能有一个依托，就带着他和弟弟投奔了在城里住的娘家。给父亲治病，花去了几乎所有的钱，他家再也没有什么积蓄，而娘家人也不富裕，鉴于这种情况，母亲没有办法，只好让他辍学，以便能早日寻一份工作，来支撑起这个家。

可是他没有文凭，也没有技术，能干什么工作呢？后来，经舅舅一个朋友介绍，他到了一家酒店去做服务员。

半年后，一天晚上回到家，他对母亲说不愿意干服务员了，母亲问他为什么，他对母亲讲了在酒店的遭遇：在为一位顾客端汤时，一不小心将汤溅到了顾客身上，顾客不仅骂了他一顿，还打了他一个耳光。大堂经理也训斥了他，警告他要再心不在焉犯这样的错误就让他卷铺盖走人。

母亲听完了他的委屈，沉默了一会儿，缓缓地对他说："你这个嘴巴该挨！"他愣住了，没想到母亲不但不安慰他，竟然还说出这样伤人的话来，他都要哭出声了。母亲接着说："孩子，你心里只想着你自己，你想过顾客没有？他也许就那一件好衣服，被你给毁了，能不气愤吗？还有，你用心去做一个优秀的服务员了吗？"

母亲的一番话，让他冷静了许多，头不由自主地垂了下来。母亲语重心长地说："乖孩子，咱家里是穷，工作是卑微，但你不能把贫穷和卑微始终挂在脸上。你要想象着服务员也是一种荣耀的职业，也要引以为豪，要因看到客人享受了你的服务后心情舒畅地离去而高兴。"

他仍然去酒店上班，因为母亲不同意他辞去工作。他做着，但很不开心。他总觉得母亲的话有点天方夜谭：谁会以做一个服务员而觉得荣耀呢？

一天正午时分，他正在酒店大厅里忙碌地招呼着顾客，母亲却来了。他刚要打招呼，母亲摆摆手示意他不要作声，然后装作不认识似的坐下，小声告诉他要像对待别人一样对待她。母亲也像其他客人一样点了一点酒菜，他为母亲服务着，显得既慌乱又笨拙，不小心竟把桌上的酒杯碰翻了。母亲看着他，低声说："你觉得做服务员丢脸是吗？我看你的样子像做贼，你这样做才恰恰是最丢脸的，你懂不懂？"说着，一扬手，将杯里的酒全泼在了他的脸上，然后转身走了。

他站在那里，呆若木鸡，流下了眼泪。

晚上他很晚才回到家，母亲没有睡，还在等他。母亲喊住他，对他说："孩子，对不起，白天妈妈做得太过分了，向你道歉。可是，你既然干了这个职业，就要热爱你的职业，不能觉得自己低人一等，你心里要觉得自己是一个明星。"

他嘟囔着说："可我只是一个小小的服务员啊。"

"不错，你是服务员，可你只要做到足够优秀，就会成为服务员中的明星！"母亲亲切地拍拍已经比她高出很多的儿子说，"孩子，从明天开始，你试试转变成另一种态度做，好吗？咱家就靠你了啊！"

他面对着母亲期待的眼光，点头答应了。

从此以后，他的工作态度转变了，每天都以阳光的姿态微笑着去服务。慢慢地，他在酒店里受到了注目，受到了欢迎，很多来酒店消费的人都点名要他服务，甚至走在大街上也会有人热情地和他打招呼，他觉得整个城市都知道了他的名字。

一天，他正熟练而周到地招待着客人，母亲又走了进来，他赶紧招呼母亲坐下，母亲笑容满面，对他说："孩子，祝贺你，你今天真的成了服务员中的明星！"

如今，他已经拥有了自己的酒店，也成了这个城市中餐饮业的重要一员。和朋友喝酒时，他经常动情地说："我的今天，要感谢母亲，是母亲向我的脸上泼了一杯酒，才改变了我的懒惰和不自信，使我赢得了现在的幸福生活。"

能力和工资，你选哪个

　　朱莉与吕勤是一家广告公司策划部的员工。两人同批进入公司试用，同批被公司转正。由于同龄以及同为公司新人，两人彼此感觉亲切，很快成了好朋友。虽然是好友，但是，她们在工作上的态度分歧却非常大：朱莉觉得公司目前给的工资太一般，不能够体现她的工作价值，因此，她工作不卖力，基本上是混日子。因为同一部门，工作资历相同，两人的工资一样。但是，吕勤好像有些"缺心眼"：拿着低工资还那么卖力地工作，简直是头不知道疲倦的傻驴！朱莉劝说过吕勤几次，她不但不听，居然还给朱莉洗脑："咱们暂时工作能力不行，就得主动地多修炼，等修炼好了，工资自然就上去了！"朱莉反驳道："你这是啥逻辑？别的不说，就说去菜市场买菜，出什么样的价格就能买什么价位的蔬菜。其实，人作为劳动者在职场上也是商品，老板出多少钱，员工就付多少劳动，不出够价格，对不起，那我宁愿闲着也不会多干活的……"

　　两人谁也说服不了谁，于是就以各自的职场价值观行事。

　　吕勤加班加点地折腾了一个月，熬夜熬成了熊猫眼，终于给一家客户单位成功策划了一次宣传活动。这次宣传活动是为了配合客户单位一款新产品上市的。活动很是成功，客户单位很爽快地把剩余的策划费交了。公司收到钱后，老总也很爽快，不但给吕勤发了个三千元的红包，还给吕勤每月涨一千元工资。见吕勤乐得合不拢嘴，朱莉叹息道："你这人真是好糊弄啊！每天只睡六个小时地勤奋加班，这样的自虐一直持续了一个月，但是，这样的代价换得了什么呢？就一个三千元的红包外加每月涨一千元？"吕勤继续乐："我就是没有出息！反正给我发红包给我涨工资，我就会高兴得龇牙咧嘴的！"见吕勤这么没有骨气，朱莉叹息道："你还真像那头拉磨的毛驴，只要多给你把草料，你就高兴得驴蹄四扬、奋发向前！"吕勤没有辩解，她又开始兴冲冲地给自己加码投入工作中去了。

吕勤策划了一个羽毛球比赛，就是以一家企业命名，算是以命名权的形式给企业做广告。吕勤联系了当地的体委，请体委出面组织这次比赛。体委也想做出些成绩，于是就爽快地答应了。

吕勤策划，当地体委组织，那家企业赞助的羽毛球比赛圆满成功。由于吕勤策划周密，事先联系了当地的几家媒体，在媒体的宣传下，这次大赛的影响力很大，那家企业非常高兴，顺利地向吕勤所在的广告公司交纳了大额的策划费。

收到策划费，老总非常高兴，居然还专门开了场庆功会，在会上号召大家都向吕勤学习，学习她主动工作主动奉献的精神，为了奖励吕勤，同时，也是为了鼓励大家勤奋工作，老总给吕勤发了个一万元的红包，同时，还给她的工资涨了两千元。

当初转正后，吕勤和朱莉的工资都是每月四千元，但是，因为吕勤的工作努力，不到一年的时间内，红包不算，光工资就涨到了每月七千元。差距拉得过大，朱莉才感觉到勤奋工作的威力，她开始懊悔自己以前没有勤奋工作，使得在职场上落后了吕勤很多。

职场上的一些人，特别是职场新人，总是抱着这样的想法：给我多少工资，我就在职场中贡献多少能力。但是，在没有看到能力没有看到贡献之前，老板是不会轻易给员工涨工资的。于是，很多深藏"能力"的职场"聪明人"在"坐等升值"中白白浪费了时间以及才华。

生活中，只有勤奋工作不断把自己的才能挖掘出来的员工才能不断升值。每个老板都会看重有能力的人。让能力走在工资前面的人，不断上涨的工资自然会紧紧地尾随其后！

镜子能照出不足，也能照亮前路

　　那段时间我很郁闷，我们仓库积压的衣服越来越多，专卖店总是反映衣服卖不动。老板的脸都绿了，绩效全部扣下，就给我发了2200元生活费。我觉得好无辜，这种局面难道只是我们销售的问题？现在电商、微商个个那么狠，逛实体店的人越来越少，即便有些人到店中试了衣服，试完了立马到网上找相同款，而不是在店里埋单；至于设计师那边，灵感枯竭涂涂画画总是大路货；再说老板，做网店又舍不得花费，网上交易寥寥无几。这些，不都是问题吗？可这些问题关我什么事呢？我每天兢兢业业跑市场，做调查，到头来费力不讨好。这么一想，我恨不得立刻辞职。

　　坐在下班的公交车上，我脑子里全是这些牢骚和抱怨。就在这时，朋友冯娟打来电话，开口就是"我想辞职算了"！虽然自己正有相同想法，可我仍旧吓了一跳。冯娟开始噼里啪啦倒牢骚："现在看纸质书的人越来越少，教辅图书市场竞争又最激烈，书卖得不好，怎么能只怪我们销售呢……"我听着，感同身受。可是，对于冯娟所说，我却不怎么认同，他们那些书我见过，确实没什么卖点，就是盲目跟风；再说冯娟做销售，总在那几个书店转，从没去学校或其他学生多的地方调查和推广。

　　可是，此刻如果我把这些想法说出来，她肯定受不了。再说我有什么资格说她呢？我自己这不也是糟糕得很？突然，我脑中一亮，她们产品的问题，她工作上的不足，是不是我自己这儿也一样存在或者更严重？我压抑沉闷的心仿佛找到了一个出口，心逐渐冷静下来。我开始拿冯娟他们的问题一条条往我们自己身上照，不照不知道，一照吓一跳，问题如出一辙：他们的书盲目跟风，我们的服装也一样；他们的销售渠道单一，我们也如此；她老抱怨作者不行，我则总说设计师落后；她去书店只顾问"书卖了多少"，我去专卖店也只会问"卖得怎么样？"……原来，她就是我的一面镜子，从她那里我看到的全是自己这边的不足。

这么一想，我对老板的责备理解了不少，也明确了自己努力的方向。我从网上及服装市场找到我们衣服的类似款，一件件摆到设计师面前，然后把同事们喊来，要大家讨论我们的衣服是否有竞争力，如果没有，如何改款比较好。考虑到成本问题，我们不可能完全毁掉库存重新来做，但我们可以改进或者完善。当模特们穿上这些类似款衣服齐刷刷站到我们面前，我们衣服的弊病很快显露出来，设计师的灵感也来了，连夜加班试改了几件。我连忙把改后的衣服送到连锁店穿到模特身上，没多久就有人来试了，但仍旧没买，我说别急，她在网上找不到一模一样的就会来买。果然，第二天，那衣服卖出去了。就这样，设计师一款款地改，加入时尚元素，尽量别出心裁。

几个月后，库存减了四分之三，老板笑呵呵，当月就给我发了2万元奖金。可我知道仍有很多问题没解决，那面"镜子"照得清清楚楚。于是我又着手网店和微店销售，重装铺面，招好的网络模特，巧妙做广告；还有，采取送礼物和直接打折的方式，努力把每一位进店的客人都争取为我们公众号的成员。经过一段时间的努力，线上交易额也稳步上升。老板直接任命我为市场部主管，放了很多自主权给我。

我把我的经历告诉冯娟，她很惊讶，也照着我说的，把我当成她的镜子，把我以前的问题一条条往她自己身上照，不足便赫然而出，再从我的进步中吸取经验。很快，她的工作渐渐有了可喜的成绩。

从那以后，在工作上遇到什么问题，我就会从亲朋或同事中找一个差不多境遇的人来聊天，我会引导性地让他说出心中的郁闷和不满，然后在聆听中让自己开悟。俗话说"当局者迷，旁观者清"，为了做好自己的旁观者，我便这样找出一面面"镜子"来，从"镜子"里找准问题，找到理想的解决方法。当然，事成之后，我也会委婉地告诉"镜子们"如何擦去灰尘。

有时找不到类似的"镜子"，我就对着摄像头发牢骚，然后打开视频来看。很神奇，只不过掉转一个方向，面对视频里的自己，我会很客观很冷静起来。

这些年来，我就是这样借助一面面"镜子"照出自己的不足，照出各种状况的问题所在，然后积极解决，一点点进步，直到今天，成为一家大型服饰企业的销售总监。总之，问题与牢骚并不可怕，可怕的是深陷其中却不自知。做好自己的"旁观者"，迷茫才会逐渐消散，然后朝着正确方向努力，从而云开日出天高景丽。

玻璃上的花开

姬晓梦是个爱花如命的女孩，但在寸土寸金的北京，她的居住条件却不尽如人意，小小的出租屋除了容纳一张床和一张桌外，就没有多少剩余的空间了，她心爱的花草实在没处放，有时就只好在床底下委屈着，那些花草长期见不到阳光，有些已经接近枯萎了，怎样才能让花草活得更好？姬晓梦犯了愁。

一天她在擦玻璃时突然想到，如果能把花盆贴在玻璃上就好了，拉上透明玻璃，花儿照样可以接受阳光洗礼，这样花草既不会遭遇暴风雨侵袭，还不占用室内的有效空间。她为自己这个大胆的想法兴奋了好久，然后开始付诸行动，经过很多次失败，她终于找到了把花盆贴在玻璃上的办法：用粘贴玻璃专用的"玻璃胶"，将花盆也换成长条形的玻璃瓶，这样就把花草嵌在了玻璃上。

她兴奋地把自己的作品拍成照片传到同城论坛里。想不到得到了网友的热烈追捧，大家都认为这种把花草粘到玻璃上的创意，大胆颠覆了传统的家居花草模式，有人甚至说她正领导着一场花草革命，花草不再被摆放在室内、阳台上，更可以悬空在玻璃上"跳舞"。简直是独一无二嘛！

不久，一个女孩拨通她的电话："你能帮我贴上一盆花吗，我男朋友明天就要出差回来，想给他一个惊喜！这一定可以让他惊讶的。"在以后的日子里不断有人要求她帮助把花贴在窗户上，事成之后，人家总会给她一点小小的报酬。

这些不请自来的生意让她忽然意识到，她完全可以把花草贴在玻璃上当成事业来做，于是她辞去了工作，一心一意做起玻璃上贴花草的生意。

除去在新开的网店销售，她还印制出一批广告单，配上精致鲜活的图片，在闹市区的街头派发，因为粘在玻璃上的花草图片够新鲜，够炫目，所以很轻松地抓住了人们的眼球，宣传的效果极好。

有一次，一个女孩贴完一盆茉莉，第三天就打电话来说，花快要死了，虽说这属于顾客自己不善管理，不是她的责任，但她二话没说，就帮那个女孩换了一种花。从这件事上，她再次挖出商机。她知道，客户们不可能天天在玻璃上"贴花草"，相比其他生意的话，回头客会比较少。但是，客户多半不太会养花，如果她不仅为客户上门服务贴花草，还负责护理花草，那么又是一笔可观收入了。她重新打出广告，刻意加进负责护花、养花的业务。果然找她的回头客比以前多了，她的生意自然又红火了不少。

贴花的时间长了，有顾客抱怨说她的花盆样式太单调了，一点创意都没有，她马上找到一家生产玻璃礼品的工厂，亲自设计了各种图样，让厂家生产出长的、方的、圆的、椭圆的、心形的等各种奇形怪状的玻璃花盆，为了粘贴方便也为了好看，玻璃花盆都是设计成半个花盆形状，即靠玻璃的一面都是平的，这样粘贴上去就更活灵活现，仿佛跟玻璃是连体的，贴出的效果更好了。

一天，一位男孩要给过生日的女朋友贴花，他希望能在花盆上刻上"花语"，这让姬晓梦意识到，花花草草都有它们的"花语""草语"，为什么不充分利用呢？！于是，她联系生产厂家，要她们在玻璃花盆上刻下了爱的隽语：高贵的爱、无尽的爱（郁金香），健康、温柔的爱（风铃草），等待爱情（薰衣草），恒心、贞操、高贵（风信子），无法停留的爱（蒲公英），沉默的爱、永远不变的恋情（向日葵），表示思念、团圆（水仙）……这下普通的花草，一下有了文化的内涵，吸引了更多的年轻人。

玻璃上贴花的影响越来越大，一家企业找上门来，要她到办公室里去贴花，这让她的业务进一步拓展，为了让更多的企业接受自己的产品，她打出了"花草能调剂枯燥的坐班生活，减轻职场白领的压力"的口号，她还亲自做了一个实验，贴上花草的玻璃能够阻隔大量光热辐射，而且吸收消化了大量的温室气体二氧化碳和甲醛、二氧化硫等空气污染物。为了扩大影响，她还推出了免费试贴的业务。

就这样，在"熟拉生"的连环推荐下，她的主要顾客从散客集中到了企业。现在，她从厂商手里接到的花盆定制一批都在1000～3000盆，逢庆祝节假日的或者别的公司开展销会时，订单更是翻倍。纯利润每个月都超过2万元，还带动了几位家人亲朋，都投身到她的事业中帮忙。

下一步，她打算把销售路线扩大到其他城市。她希望自己创造的这种玻璃上的花草，被更多的人认可，那样无论室内室外，大家就都可以享受到植物的绿色，她也会更有成就感。

工作上，吃亏也是福

说起来，郑月梅也是货真价实的大学生。只是她毕业的学校与名牌大学相比，差距很大。因此，她在找工作时没少受歧视。她至今都记得当初来公司应聘时的场面。看过简历，有个主考官不屑地说，学校不是很好，不知道将来能不能胜任我们的岗位需求？这下把郑月梅的火气激发出来，她大声地回答说："肯定能胜任，学历只是个标志，工作起来还需要真正的实力才行。"

她的这番话引起了另外一个面试官的兴趣。这是个50多岁的男人，应该掌握着面试的最终决定权。他微笑着说："这个小丫头有那么股猛劲儿，我觉得她行，先留下试用吧。"就这样，郑月梅最终走进了现在所工作的单位。大概是因为应聘时的"出色"表现，入职后，她被安排在办公室打杂。即便如此，郑月梅并没气馁，而是选择了踏实工作。在完成本职工作的同时，她还积极学习，帮助别人，赢得了大伙的认可。

得知她的情况，一位要好的同学为她惋惜，说付出没有回报，在这样的公司没有前途，趁早跳槽。更重要的是，同学认为她太傻："都说职场如战场，是要分个你死我活的。现在倒好，不长记性，不单喜欢帮助别人，还恨不得把心掏给人家，结果呢，除了换回两句好听的话，你得到什么实惠的东西了？你再这样，早晚得吃亏！"可郑月梅并不计较这些，她说："没有那么严重，人生在世，帮别人就是帮自己，我觉得现在这样挺好的。"同学听她这么说，也没了脾气，只是再三嘱咐她凡事小心。

有天下班后，郑月梅像往常一样最后一个离开。检查完办公室门窗及电源后，她正要锁门，办公桌上的电话响了起来。她赶紧接通后，电话那头传来焦急的声音："麻烦你看一下刘经理桌子上是否有份文件，如果有，那是我忘记的，明天公司要根据这份文件做重大决定，谁知越着急越出乱子，我临走时竟然忘记拿了。给刘经理打电话打不通，我才抱着试试看的心理拨打这个电话，没想到还真有人接听。"

听完客人的叙述，郑月梅记起这是外地的一位客户，上午来公司和相关领导洽谈事情，中午他们出去吃饭，就把这份文件落下了。郑月梅看了看刘经理的办公桌，发现上面果然有客户说的文件，便急忙安慰对方："没事，你别着急，你到公司来取吧，我等你取过再回家。"谁知对方却说："不行啊，我已经登上飞机，舱门都关了，估计很快起飞，不可能再下去。这下彻底完了，回去怎么交差啊？弄不好，我的职位都难保。"客户说着说着，竟有了哭腔。

郑月梅这下也着急了。飞机起飞后，手机也要关机，想联系都没办法，怎么帮助客人呢？突然之间，她有了主意，对客人说："你放心回去吧，等会儿我买张晚上的高铁票，带上文件连夜给你送过去，这样就能保证不耽误你明天使用。"电话那头的客人听郑月梅这样一说，语气变得兴奋起来，连声说："好，好，那太感谢你了。你买完票后把车次发给我，我去车站接你。"

挂完电话，郑月梅就有点后悔了。因为，没有得到领导的批准，公司不可能给她报销路费，哪怕她是为了帮助客户。再说，她明天还要上班，去另一个城市再返回肯定会迟到。为了保险起见，郑月梅决定给经理打个电话汇报一下，可经理的电话还是暂时无法接通。郑月梅不再犹豫，她给一位要好的同学打电话说明情况，提醒彼此保持联系，然后就直奔车站去了。

深更半夜，郑月梅在陌生的城市和客户如期会面。拿着文件，客户连声表示感谢，并表示会给她一个惊喜。郑月梅淡淡地说，没什么大不了的，只是提出，如果公司核查时，请客户来做个见证。客户爽快地答应了。

第二天，带着浑身的疲惫，郑月梅以最快的速度赶回公司。她一走进办公室，就被眼前的场面惊呆了。平时很少露面的董事长竟然过来拉着她的手，激动地说："丫头，你这次立大功了，我要好好地奖励你。"郑月梅一头雾水。刘经理适时站出来说明了原因。原来，急需文件的不仅是公司的客户，更是公司的"财神"。他按时拿到那份很重要的文件后，非常高兴，决定在去年订单的基础上将订货量增加一倍。他说，他从公司员工身上看到了亮点，觉得和这样的企业合作很放心。

如今，郑月梅已成为公司的副总。很多同学说她是因祸得福，郑月梅却深有感触地认为，只有真正将自己当成工作岗位的主人，才能不斤斤计较，自动自发地做好每件事，当然也包括很多分外事。如果能够做到这一点，发展的机会肯定会有，就看你愿意不愿意去做。很多时候，很多事，正应验了那句话：吃亏是福。

怀着感恩之情去工作

在儿子踏入社会前，有位父亲告诫儿子三句话："遇到一位好领导，要忠心为他工作；假如第一份工作就有很好的薪水，那算你的运气好，要努力工作以感恩惜福；万一薪水不理想，就要懂得在工作中磨炼自己的技艺。"

这位父亲无疑是睿智的。所有的年轻人都应将这三句话深深地记在心里，始终秉行这个原则做事。

或许每一份工作都无法尽善尽美，但还是要感谢工作环境，感谢老板，感谢每一次的工作机会，满怀感恩之心去工作。即使起初位居他人之下，也不要去计较，要积极地将每一次工作任务视为一个新的开始，一段新的体验，一扇通往成功的机会之门。

因为每一份工作都有宝贵的经验和资源，如失败的沮丧、成功的喜悦、老板的严苛、同事间的竞争等，这些都是任何一个工作者走向成功必须体验的感受和必须经历的锻造。

目前一些处在实习期的大学毕业生，还没干活就先和老板谈条件，或者在新岗位上刚取得一点小成绩，就和部门主管讨价还价，这是不合时宜的。他们应该懂得感谢企业的培养，而不是计较是否应多拿几百元钱，应该在自己有业绩的时候，再向企业提出合理的加薪要求，这样在企业里才能有更大的发展。

程序员史蒂文斯在一家软件公司干了八年，正当他干得心应手时，公司倒闭了。这时，又恰逢他的第三个儿子刚刚降生，他必须马上找到新工作。

有一家软件公司招聘程序员，待遇很不错，史蒂文斯信心十足地去应聘了。凭着过硬的专业知识，他轻松地过了笔试关。两天后就要参加面试，他对此充满了信心。

可是面试时，考官提的问题是关于软件未来发展方向的，他从来没考虑过这方面的问题，他被淘汰了。

不过这家公司对软件产业的理解让他耳目一新。他给公司写了一封感谢信："贵公司花费人力物力，为我提供笔试、面试的机会，我虽然落败了，但长了很多见识。感谢你们的劳动，谢谢！"这封信经过层层传阅，后来被送到总裁手中。

三个月后，史蒂文斯却意外地收到了该公司的录用通知书。原来，这家公司看到了他知道感恩的品德，在有职位空缺的时候自然就想到了他。这家公司就是美国微软公司。十几年后，史蒂文斯凭着出色的业绩成了微软的副总裁。

在企业中，知道感恩的人会更受到欢迎。人力资源专家表示，许多知名企业在招聘员工时，看重的不仅仅是他们的专业知识，而是他们处理问题的方式和融入企业的速度，换句话说，就是能否怀着一颗感恩之心去踏实做人、做事。

诚然，雇用与被雇用是种契约关系，可在这种契约关系的背后，就不能有感恩的成分吗？

一位由普通职员晋升为总经理的人士这样说道："我刚到这家公司时，只是一名没有任何经验的普通职员，缘何在短短两年内就被晋升为总经理？这是因为，我时常怀着一颗感恩的心去工作，我感谢老板给予我的机会，我感谢同事对我的点滴关怀与帮助。'滴水之恩，当涌泉相报'。正是这种感恩之心，让我更加努力工作，我要尽最大的努力来回报这一切，没想到，生活却给予我更大的回报。"

满怀感恩去工作，并不仅仅有利于公司和老板，感激能带来更多值得感激的事情，这是宇宙中的一条永恒的法则。不要以为工作是平淡乏味的，当你满怀感恩之心去工作时，你就很容易成为一个品德高尚的人，一个更有亲和力和影响力的人，一个有着独特的个人魅力的人。

你要相信：感恩将为你开启一扇神奇的力量之门，发掘出你无穷的潜力，迎接你的也将是更多、更好的工作机会和成功机会。

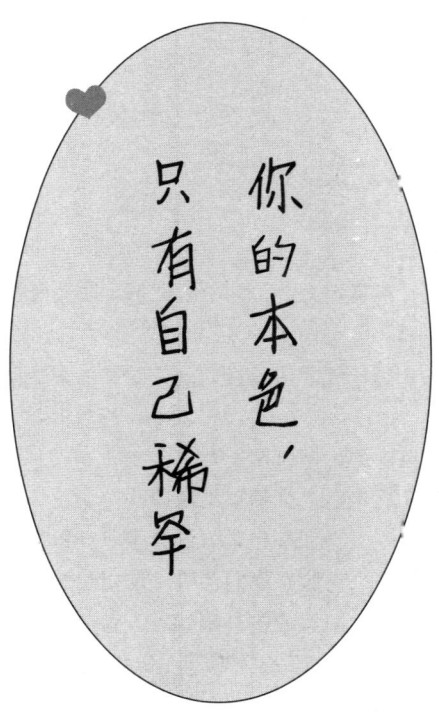

你的本色，
只有自己稀罕

能容忍自己的只有自己，
能原谅自己的也只有自己。

你的本色，只有自己稀罕

除非遗世独立，不食烟火，否则不要把那一套张牙舞爪的原生态嘴脸搬上台面。

打开电视，正在播一档谈话节目，一位明星热泪盈眶地对着主持人深情剖白。

"我希望可以自由地，做自己——"

母亲正好从我身后走过，笑嘻嘻地顺口评价。

"大家本来就只爱看他们被包装好的样子，光鲜亮丽，多好。如果真的把最原始的一面拿出来，除了他们爸妈，谁要看？"

我反驳："还是有人愿意看呀，不然真人秀节目怎么会那么火？"

母亲摇头："我说的'原始'不是在电视上打个嗝、拌个嘴，或者喝多了抱头痛哭……那些有剪辑的好看画面最多叫人之常态，不是人之本色。"

没人稀罕你做自己

我说："那什么才叫本色？"

母亲想了想："最本色的都是不能播的，有些连说都不好说。"

我想想那些私密而尴尬的画面，竟然觉得无从反驳，忍不住会心一笑。

读过一个故事。

民国时期有个唱戏的名角，声音极美，身段也佳，每次登台都博得喝彩一片。但名角有个怪癖，他上台浓妆，根本看不出真容，哪怕演完也带妆出门，拒不与人交流，乘坐黄包车一路严密到家，深夜才卸妆，从未被人认出，十分神秘。

有位富商迷上了他的戏，派人几次邀请，希望与之结交，名角却不曾前来。富商以为对方架子大，又委以重金，谁知还是被拒绝。

富商非常生气，发誓要一睹真容。经过筹谋，居然真的被他找到空子，偷偷潜入了名角的家。

当晚名角刚刚卸妆完毕，听到门声，下意识转过头来。

一张布满了横七竖八伤疤的丑陋脸庞出现在富商的眼前，有些还带着令人恶心的紫红色痕迹，外翻着非常可怕。

富商吓得大叫一声，腿都软了，几乎坐在地上。

名角愣住，然后醒过神来，走过来伸手扶起富商。

富商还在哆嗦，不敢正视名角。名角叹了口气，说吓到您了吧，真是对不住了。昔年我曾遭同行嫉妒，被划花了脸，此后就是这样了。

富商坐下来，名角又安抚几句，他惧意渐弱，终于说："我很欣赏您，把您当作知己，即使知道了这件事我也会帮您保守秘密的。"

名角说："您的诚意我一直都是知道的。不以真面目相见，不单是维护自己的名声，也是怕您心里那点儿对于角色的幻想和意境会破灭，没想到还是让您遗憾了，我心中有愧。"

"为什么不坦然面对呢？"富商问，"您的戏那么好，即使知道真相也不会有人攻击侮辱您的，只会更加怜惜和尊重您。"

"他人包容是他人的礼节，我为了他人观感的舒适而盛妆是我的礼节。这并非职业要求，而是本心所守的规矩。"名角坦然笑道。

"如果仗着心怀坦荡就招摇过市，令他人受惊一瞬，于己而言，那才是最为尴尬的唐突与不雅。"

后来富商回家后，与亲近之人感叹名角的风采。

"不以弱势为倚仗，不以残缺为凭恃。心怀天地，不欲言表，真君子也。"

一个熟人在圈中是出了名的不讨人喜欢，究其原因，正是因为他自诩"耿直"。

大家聚会，有人讲了个笑话，大家都笑，他说这不是去年的梗了么？一点都不好笑。

夫妻喜得贵子，他说哎呀，怎么这孩子长得根本不像你们俩。

主人烧菜，他说我最不喜欢吃香菜。吃了一筷子又说，太咸了，不好吃。

朋友发张自拍照，他留言评价：修得太假了，旁边的石头都被拉弯了，哈哈。

同事被降职，寻求安慰，他说因为你能力不足，技不如人。

女朋友和他逛街，试穿一件大衣没有买，说尺码不合。他说别逗了，你根本买不起。

……

有一次我们劝他，不要把话说得那么难听，凡事留一线，日后好相见。

他说为什么我不能随心所欲地活着，想说什么说什么，想做什么做什么。这样的我多么真实诚恳，难道你们不喜欢这样的人，只喜欢那些虚伪说好话的小人吗？

我们沉默良久，一位大姐开口："如果小人让我感到舒服，君子让我觉得别扭，那我还是选择小人吧。"

可能这位仁兄并不明白，在大多数场合里，"自己"是最不重要的东西。重要的是矛盾的解决、利益的分配、旁人的态度以及情谊的交流，还有"是否乐意下次再见你"。

我们不必朝夕相处，更不会百年好合。萍水相逢，有缘则聚，在这样短暂的时间里能够坐到一起，是为了处理问题，升温感情而来，为什么一定要以"真诚"为借口，把气氛搞得那么僵呢？

记得有段时间，网络上一个热点话题是：有没有小时候父母以为你听不懂，其实你很明白并记忆至今的话。

底下留言甚多，有父母与第三者偷情的对白被孩子记下；有父母对孩子的刻薄挖苦被记下；有父母议论亲友的坏话被记下……你不得不惊讶于孩子们的记忆力与理解力是多么早熟而深刻。大人们自以为是地觉得他们的世界孩子不懂，才肆无忌惮地当面放开了"做自己"，结果被记住的都是抹不去的黑历史，多年后被孩子叙述出来，实在威风扫地，难堪不已。

可见父母在孩子面前，更多的是要做良师益友，做教育专家，做最佳知己。须时刻自律。

因此严守底线是很有必要的。毕竟所有的父母都希望孩子即使不能成才，也要成人，甚至是比自己更好的人。

　　以为"家里有什么可防备的"，索性把一个完全不加雕饰的自己呈现出来，最多是熏染造就另一个微缩的自己而已，哪有"更好"可言。

　　世人都爱彬彬有礼，风度翩翩，笑靥如花，端庄优雅。这不是"做作"与"虚伪"，而是一个具有常规素质的普通人应有的自我要求与规范。

　　我们自觉渺小，却亦是世界上不可或缺的存在。并非只有名人才堪引领正确三观，每个人都有熏陶感染他人的义务。哪怕自认仅仅是一场表演，也请尽力营造出文雅礼貌的世间氛围，令旁人安心自如，不露尴尬。

　　除非遗世独立，不食烟火，否则不要把那一套张牙舞爪的原生态嘴脸搬上台面。

　　中国人讲究含蓄，西方人讲究距离，没人稀罕你做自己。还不如回家照照镜子，看看对着那张熟悉的放肆面容能不能和平相处，再考虑其他。至于真正的自己，回到斗室中再做也不迟。

　　毕竟，能容忍自己的只有自己，能原谅自己的也只有自己。

没有什么是努力解决不了的

普希金有句名诗：假如生活欺骗了你/不要悲伤，不要心急/忧郁的日子里须要镇静/相信吧/快乐的日子将会来临……

以前每每读到这句诗，立马像打了鸡血般满血复活，人生真是充满希望啊。后来渐渐发现，进入社会后，生活的暴风雨实在来得太凶猛了，普希金这句名言早已与自己混迹天涯的法则格格不入。

或许被生活欺骗得太多了，早已被训练成凡遇事总是作最坏打算的逻辑，即使还没发生，我也诚惶诚恐。如果不是被生活打磨得足够自信，真不敢轻易告诉自己，慢慢来，牛奶和面包都会有的。

不是吗？当你很努力时，却偏偏穷得啥也没有，能不急吗？刚毕业，却遇上一个"魔鬼金主"，天天加班做牛做马，吃盒饭吃成满脸痘痘，还克扣你工资，忧郁的日子里，你还能镇定吗？每天累得不行，还要搭两小时的公交车回暗无天日的出租屋里继续挑灯夜战，还没见到曙光就要倒下的节奏，能不悲伤吗？

记得刚刚大学毕业时，我常常陷入焦虑和悲伤的情绪中不能自拔。在我的头顶总有一团高压云笼罩着，惶惶不能终日。

为什么在公司里，我总是像打杂一样碌碌无为？为什么世道如此艰难，平白无故也会被老板骂得狗血淋头，还要笑嘻嘻地吞下一千个委屈后继续工作？

我曾经试过加班加到流鼻血，差点以为自己会"壮烈牺牲"在办公桌前。深夜颤颤巍巍地回到家，用冷水洗洗脸，倒下睡了，第二天照样被上司使唤着东奔西跑。

那时候，我的女上司是个40岁左右的中年妇女，每天被她各种玩命地"作"，弄死了好多脑细胞：策划方案被退回不少于十遍才能完成，预算方案没精确到小数点也会被骂，上班穿得不够体面也会被拉进办公室训一顿，安排我一个人到仓库清点物料、搬搬抬抬、件件打包……我常常郁闷地自问：凭什么接受过高等教育的我要如此作践自己？

每当工作量爆表，压力大到差点内分泌失调，上司的"靡靡之音"此起彼伏时，心中便是翻江倒海、各种辛酸。我不止一次地想着明天就辞职去，因为再这样下去，就算不死也会爆残。

最终，当你深信自己够命硬，被蹂躏了几百遍仍然视工作如初恋时，命运似乎又有了转机。因为对女上司的恐惧，担心一不小心就被她翻白眼，我更加要求自己不容有失，渐渐形成一丝不苟的职业素养。一点一滴的努力开始得到领导的赏识，领导也渐渐地让我接手一些大型的项目，从策划到落地，我都能做得妥妥的。

工作感觉越来越得心应手，上司看我也顺眼起来了。现在工作对我而言，不只有煎熬，也有快乐。原来我们常常以为自己熬不下去了，可是只要再加点坚持和忍耐，一切都会慢慢好起来的。其实，人生何尝不是一场恒久忍耐的战争。

就像马云说的，今天很残酷，明天更残酷，后天很美好，但绝大部分人是死在明天晚上的。难怪就连尼采也说，那些不能打垮我的，必使我更坚强。

人生中，不如意事十常八九，没遇上几个低潮期，怎么好意思谈人生？

再黑暗的岁月也有烟消云散的一天，就像花好月圆的歌词一样，"浮云散，明月照人来。"

如果你没那么勇敢，需要一点点吞下这些困难险阻，那就不妨多读几本书增长知识，去健身房跑上几个回合，约上三两知己把酒谈心，或者直接睡一场酣畅淋漓的大觉，睡醒后，tomorrow is another day。

打不死的你，又是一条铁铮铮的汉子。

不要藏匿自己的优秀

　　我的朋友鸽子向我抱怨有人在背后说她喜欢出风头、锋芒毕露。事情的起因是鸽子班级的微信群里时常有人问一些与专业知识相关的问题，热心的她总是第一个站出来帮忙解答。没想到她的热心竟然会引起别人的不满。

　　鸽子年年都能拿到奖学金，是一个名副其实的"学霸"。这是她白天泡图书馆、夜里熬到深夜学习所得到的回报。因为鸽子的专业课成绩很优秀，所以当她有能力帮助别人的时候，热心肠的她总觉得应该义不容辞地站出来。可到头来，她的热心肠竟然被别人评价为"爱出风头"。

　　我特别怕有一天，鸽子会因为这些莫名其妙的恶意指责而动摇自己，从此不再理会别人的求助，不再敢于做热情善良的自己。

　　我曾经上过一门关于"演讲与口才"的选修课，在课上，老师让大家依次上台做三分钟的自我介绍。为了不落俗套，我私底下精心准备了很久。我采取了自黑的方式，还特意往讲稿里插入了一些生活中幽默搞笑的小段子。经过一周的不断练习，我的演讲果然引起了听众的热情和兴趣，在逗得大家哈哈大笑的同时，也让大家记住了我的名字。

　　夜跑的时候，我兴致盎然地给朋友讲起了白天课堂上的事情，朋友也来了兴趣，让我给她演一段，果不其然，她听完也忍不住笑了。本以为她会夸我有创意，谁知她接下来却泼了我一盆冷水："的确很精彩，可你不觉得这样显得太招摇了吗？"

　　我知道朋友并没有恶意，她只是不愿让我成为别人事后谈论的笑料罢了。这个世界上，有太多人明明被你的能力所折服，一转头却说你爱出风头、太张扬、不低调。

类似于这种明明被别人的努力打动，却偏执地否认别人努力的行为，真的让人愤怒。每个人都有自己在这个世界上寻找存在感的方式，这就是我在靠自己的努力试图让这个世界认识并记住我啊。

大学的时候曾经遇到一个学弟，没见面时就听过很多人提起他，说他过于积极、爱出风头，话里话外都是不屑和嘲讽。院系活动，学弟总是一个不落地参加，积极到就连平时出外展搬凳子、守展位这种苦活儿、累活儿他都从不放过。

后来在一次聊天时，学弟告诉我，他想把大学生活过得丰富多彩，还梦想自己能成为学生会主席，锻炼自己，为将来进入社会储备能量。他努力地参加各项活动，不仅因为能够磨砺自己，而且可以在老师和同学面前展示自己、得到肯定，也能及时发现自己的不足。

后来，在一次和学生会部长聊天时谈起他。部长说，在一群新生里，因为学弟平时参加活动积极又努力，所以早就注意到他了，只要坚持下去，他很有希望能在学生会里有一席之地。

爱出风头又怎样？在大学里待了四年，有多少人连名字都没被同学记住。相反，又有多少人通过所谓的"出风头"，让自己的名字成了整个校园的传奇。只有认真准备、努力付出的人，才能把风头出得精彩漂亮，才能赢得掌声。那些丝毫没有努力过的人，只能叫作"出丑'。你经过努力获得的成就，就要从容自信地绽放出来，不要畏惧别人掷来的冷眼和嘲笑。

请不要藏匿起优秀的自己，更不要在外界目光的压迫下慢慢变得平庸。多少人在别人的冷眼和嘲笑中，变得缩手缩脚不敢向前。原本明亮的眼眸变得黯淡，微笑消失不见，也不再幽默开朗，变得按部就班、枯燥无聊。生活不是在成批次生产玩具，我们也不是模型里面大同小异的成品。

不要活在别人的目光里，更不要活在别人的谈论中。你努力地付出过，当机会来临时还怕什么，你有资格和底气，只需要从容地站出来就好。那些准备充分的人，一上场就自带光芒，吸引了全场的目光。他们有资格获得赞美和掌声，因为这一切荣誉和光环都是他们努力的结果。

没有谁能够轻轻松松地获得别人的认可和关注，喜欢那种经过自己的努力，厚积薄发然后一鸣惊人的人。毕竟爱出风头的人，往往都是有备而来。

历经艰难，成就自己

朋友问我最近一次哭是什么时候。我想了一下，能想起来的有两次。

一次是中秋假期结束回青岛，火车一路晚点，原本八点就该抵达却硬生生地拖到了十点半。行李太多太重却打不上车，又找不到直达家门口的公交车站牌，荒芜的夜色里走了很久才上了另一辆公交车，下车后还要走半个小时才能到家。小路上空无一人，手掌被勒得生疼，满身汗水。两只手都提着东西，以至于天空突降骤雨时根本腾不出手来打伞。爸爸发短信问我到了没，我停下来回短信："早就到了，都吃过晚饭啦。"

租的房子在五楼，楼道里的灯忽闪忽灭。是躺在了自己熟悉的床单上之后，被雨水打湿的头发找到了枕头之后，我才终于放声大哭了起来——为这一程黑漆漆的长路，为那一路上黯淡的星光。

也是在放声大哭的几分钟里，我竟放下了心里那些一直纠结着的爱而不得的人事，无声地跟自己说："从这一秒开始，我要好好爱自己，才能对得起独自一人时的颠沛流离。"而那些我从前固执付出却一无所获的东西，且让他们都随风吧。

另一次哭就在上周末。截稿日临近，因为出差一周，只好将要修改的书稿存进U盘里带在路上。那一周工作量突飞猛进，不仅修改完了旧稿，还写了一万多字的新文章。周末出差结束回家，还没来得及将U盘里的内容复制到电脑上，结果在逛街回来之后轰然发现，U盘和零钱包一起不翼而飞了！

我沿路返回，确定自己再也找不回来时，坐在路边的椅子上痛哭流涕，丝毫不顾自己的形象。可哭过之后，还是要回家，冲个热水澡，然后凭着模糊的记忆将那一万多字重新写出来。

你看我们都曾将最柔软缠绻的内心交给最动荡不安的未来。它晴天里一个雷霆，你能听到心底的某个部分被"滋拉"烧焦了一块。它一阵疾风骤雨，有一团跳跃的火焰瞬间便被浇熄了。一盏灯灭，心里便暗了一块。

我反问这个朋友最近一次哭的经历，她说起了好几年前的一件往事。

那时她刚工作没多久，因业绩突出破格晋升，没想到之前视之为好朋友的同事为之愤怒不平。有一次开会，她像往常一样坐在了那个同事身边。还没坐稳，却只见同事狠狠地在桌子上摔了文件夹之后换到了别的位置，周围其他同事诧异地看过来，只有她一个笑容还僵在脸上。

她不气，只觉得伤心。当年她新入职，手把手教她用公司软件的，和这个会议室里当众给她难堪，暗地里冷嘲又热讽的，是一个人。

好几年后，她跳槽去了更大的公司，偶尔路过旧东家还能看见那个同事的身影。她仍然在做原来的工作，忙碌，得体地笑着，好像和数年前的样子并无二致。

朋友屏了口气又深深地呼出去。往事皆已飘散，而人呐，总要往前走。

大学毕业前夕，我、H还有班里另一个女生在宿舍里聊天。我当时还没有工作过，一直听那个女生讲述刚去工作的种种艰辛，听得我都为她感觉不值。后来她走了，我跟H说："你看她工作好辛苦。"

H淡淡地笑了笑："谁没有过一段辛苦的时光？"她大三的暑期在一个服装公司实习，刚入职正好赶上广东的盛夏，整整三个周都在仓库里整理库存，极其闷热。毕业之后她换工作，去了北京的一家地产公司。当时我发短信问她，工作怎么样啊，生活还习惯吗。她说都挺好。可我经常是凌晨时才收到她回的短信，还见过她拍的幽暗的地下室照片。

那些在陌生的城市里，漆黑的深夜中，颠沛流离的经历总能悄无声息地改变我们。你发现自己大部分的内心开始变得坚硬与残酷，而柔软的部分则越来越少。也或许是因为越来越少，才想要拼尽全力去捍卫那一丁点儿的温情与不舍。而那些无谓的人事，再也不想空落落的等，再也不想燃尽一腔热血只换一盏冷饭残羹。

我们总能学会一个人修马桶，颤颤巍巍地攀到架子上换灯泡，应酬之后还能忍着头晕与反胃为自己调一杯酸奶来解酒。

但仍然感谢青春里那些艰难的时刻，那些异乡的漂泊，那些在暗夜里一边跟自己说着"加油"一边往前走的日子，一定是它们成就了今天的我们，让我们能有足够坚硬的躯壳去捍卫那些不可磨灭的柔软与美好，也有足够温暖的初心去拥抱那些终将到来的慈悲和懂得。

在那些最艰难的时刻，我只是一直走着，等那些漫山遍野如萤火一般的星光重新亮起来。

临睡前问问自己

　　公司经营不景气，降薪裁员。女友也中枪了，公司第一轮人事变革她就被降了薪，据说没被裁员已是幸运。她给我打电话抱怨了很久，问我该怎么办？

　　物价越来越高，上有老下有小，工资竟越挣越少，真是让人生气。辞职吧，她又没有什么特殊技能，一时半会儿找工作也不那么容易。再说在那家公司都干了十来年了，这样走真是不甘。可是，留下来继续干，又实在窝火。

　　女友让我给她拿个主意。我不知该怎样回答，就给她讲了A的故事。

　　A是我的同学，曾经的学霸。大学本科毕业时，恰好赶上最后一班包分配的列车，不想却被分配到一个效益很差的国有企业。她刚刚上班几个月，就被下岗了。单位的那些老人，个个都不是善茬，让谁下岗都说不好会出人命，只有朝新人开刀了。

　　我替她鸣不平，她是本科毕业生，有学历有潜力，却被第一批下岗。我打电话过去想安慰她一下，她反而把我开导了半天。

　　她说："不吃大锅饭，我可能活得更好，那种半死不活的单位，早点离开也不一定是坏事。"我怯怯地问："刚工作就被下岗，你真的不伤心？"A沉思了一下回答："伤心有什么用，还不如把伤心的时间留着努力，把自己变得更好，还怕找不到好工作吗？"

　　A在一家民企找到了新工作，并凭着优秀的表现很快脱颖而出，成了单位骨干。在我们还天天挤公交上班的年月，A就买了车。她经常开车去旅行，美丽的大好河山里，留下很多靓照，让我心生出各种羡慕。

可她在的那家企业任人唯亲，人际关系复杂，我辗转听说她在公司里很受排挤。A是那种只会低头做事从不辩解的人，这样的性格注定会吃亏，我时常为她隐隐担忧。

上个月，A在朋友圈秀自己在单位散步的照片。我觉着眼熟，仔细看发现那是一家待遇好得让人眼热的上市公司。因为业务关系，我去过几次，对那片花园式的办公区印象很深。

原来A换了单位，我兴奋极了，赶紧给她打电话，A淡淡地说："嗯，来了两个多月，财务总监，猎头公司推荐的。"我问："听说你在原单位受排挤，是不是因为这个离开的？"A不屑地说："我从不掺和那些烂事，只把时间用来提升自己。自己变强大了，保持能随时离开的能力，这才是最重要的。"

这些年，A无论工作多忙，都不忘给自己充电。别人闲聊的时候，她在看书；别人休息的时候，她在参加培训；别人看电视的时候，她在写东西；别人内斗的时候，她能躲多远躲多远。

A报了几个培训班，每天忙得陀螺一般。在单位那帮人斗得焦头烂额的时候，她一转身，面前已是海阔天空。

A在朋友圈里曾发过一段话："抱怨是最没意义的事情。如果实在难以忍受周围的环境，那就暗自练好本领，然后跳出那个圈子。"

这样的话，或许我们每一个人都听过，可又有多少人在暗自努力练好自己的本领，有了随时离开的底气？

是的，这个世界有很多不公平，但最公平的就是，每个人每天都拥有二十四小时。时光有限，我们每一个人的精力更是有限。把精力花在修炼自己上，不伤心，不抱怨，不浪费唇舌，每天进步一点点，留着所有的时间把自己变成最好。

一天、两天、三天，你和身边的人看不出什么区别，但假以时日，一定会让人刮目相看：天啊，他（她）明明和我一路同行，怎么竟一下子飞上枝头成了凤凰？

听完A的故事，女友欣欣然挂了电话，一会从微信上给我发来一个"加油"的手势。

总说时光无情，那是因为你在浪费它。时光其实是最有情有义，你投入得越多，它回馈得就越多。哪怕很长一段时间都像往深井里投入石头，悄无声息。可只要你投得足够多了，终有一天它会突然还你一个大写的惊喜。

每晚临睡前，问问自己和早上有什么不同？当尔的质地变得卓尔不群了，还愁没有华丽转身的机会？

想多了，事儿就败了

　　有时候，处理人际关系想太多，会导致自己的行为变形。与之相反，遇到什么事，先不管旁的因素，只看这事该怎么处理，则是更直接有效的方式。

　　当一个人总是在防范别人时，他自己的行为与判断往往可能出错。而简单、诚意恰恰可以带来人与人之间更好的相处。

　　清代历史上，诛杀顾命大臣的事件有两次：第一次是清初康熙爷擒鳌拜；第二次是慈安、慈禧联合恭亲王奕訢，诛杀肃顺。

　　咸丰皇帝死时，同治皇帝尚幼，所以咸丰安排了以载垣、端华、肃顺为首的八个顾命大臣，将朝廷日常行政事务交给他们处理。但为保留皇家的最后否决权，咸丰又把自己的两枚印章分别给了两位太后：一枚御赏印，给了慈安；另一枚同道堂印，给了慈禧。

　　当时朝廷的公文下发流程是这样的：所有要下发的谕旨最后都要让太后过目，太后觉得不行就行使否决权；如果觉得没问题，慈安就在谕旨开头盖下御赏印，慈禧在谕旨末尾盖下同道堂印。有了一头一尾，算是皇家同意了。

　　按说这个体制对权力相互制衡，比较合理。但肃顺不这样想，他一直担心两宫太后要夺他的权。在咸丰皇帝还没死的时候，他就建议："你把这俩寡妇留在世上，恐怕对国家不利，你要不要学学汉武帝，行钩弋之事？"

　　什么叫钩弋之事？汉武帝临死的时候，觉得儿子年幼，他妈妈钩弋夫人还很年轻，万一将来和他人联手，那刘家的江山不就完了？所以就把钩弋夫人杀了。

肃顺也想让咸丰把慈禧杀了，可惜没能如愿。咸丰死后，肃顺越来越担心失去权力。当时有一个叫董元醇的御史，上了一道折子，提议请太后出来垂帘听政，并且让恭亲王也加入执政队伍。如果肃顺自己心里没什么的话，其实完全可以不用搭理他，但肃顺如临大敌，担心这道折子挑起太后们的心思，真要垂帘听政怎么办？所以他草拟了一道谕旨，用非常严厉的话批判了董元醇，然后拿到太后那儿盖章。两宫太后拒绝盖章，她们觉得在没有回北京之前就把这样的矛盾暴露出来，没有必要。她们意思，这道折子就不要发了，当时的术语叫"淹了"或者"留中不发"。肃顺不干了。他暗示另一个顾命大臣端华，跑到太后那儿吵，声震屋宇，把小皇帝都给吓哭吓尿了。

即便如此，两宫太后依然坚持不能发。于是八位顾命大臣就"罢职搁车"，意思是只要你们不发这道谕旨，我们就罢工。太后们一看，没办法，只好同意了。但仇就此结下了。

另外还有一件事。哥哥死了，作为弟弟，于情于理，恭亲王奕䜣都该到避暑山庄去奔丧。可是八大顾命大臣特别紧张，担心他和两宫太后串通密谋，一直不让他们见面。后来据宣统皇帝溥仪讲，当时恭亲王奕䜣扮成萨满，见了两宫太后，便密谋如何把这八个人干掉。之后，在两宫太后扶着咸丰灵柩回京的路上，奕䜣就派兵把八大臣抓了。回到北京后，两宫太后当着众大臣们的面声泪俱下地说："我们孤儿寡母，受了这帮奸贼的逼害，大家说应该怎么办？"大家都说宰了他们，于是慈禧就把这帮人给宰了。这就是历史上著名的"辛酉政变"。仔细分析这个过程，就会发现肃顺也是作死。

其实肃顺是一个能臣，他经常挂在口头上的一句话就是："我们旗人都是浑蛋，一定要重用汉人。像曾国藩这种人，一定要重用。"有一次咸丰皇帝要杀左宗棠，肃顺设法营救，可见他是一个明白人。明白人为什么会犯下这样的大错呢？因为他总是在想，别人会对我怎么看？两宫太后会不会夺我的权？如果要夺我的权，我应该怎么防范？说白了，就是想太多了。一想多，他的行为就会变形；行为一变形，对方心里就会结疙瘩；对方心里结了疙瘩，对方的行为也会变形，最后双方自然就产生了冲突。

如果肃顺能学学曾国藩就好了，遇到什么事，先不管旁的因素，只看这事该怎么处理。董元醇上折子不对，把他驳了就完了，跟太后较什么劲呢？奕跑来奔丧，就让他见，你拦什么呢？肃顺一心防范别人，却是给自己挖了个大坑，最后身家性命不保。

其实，我们普通人处理人际关系的时候，也经常会犯这样的错误。还记得契诃夫写的那篇著名的小说《小公务员之死》吗？主人公是怎么死的？被将军吓死的。将军真要处理他吗？没有。他不就是在戏院看戏的时候，把唾沫星子溅到了将军的光头上吗？他老是担心将军要对他怎样怎样，最后把自己活活吓死了。这就是一种纠结。

还有另外一种纠结：为了防范别人而做出过激反应。《吕氏春秋》里就讲了这样一个故事。越王有四个儿子，他的弟弟想陷害他们，就说这个儿子要造反，那个儿子要造反。越王先杀了一个，又杀了一个，再杀了一个。等到他的弟弟想要陷害第四个儿子的时候，越王不信了：自己只剩下这一个儿子了，他还能造反？但这时越王的儿子不这么想。他儿子想：奸臣一陷害，你就把我的三个哥哥砍了，哪天不就轮到我了吗？于是他造反把越王杀了。越王临死的时候后悔万分：早知道把这小儿子也宰了。这说明他还是没想明白。

这就是人际关系当中的互动博弈：当你总在防范别人会怎么样的时候，你的行为、你的判断，就极有可能是错误的。

做好自己，不让贪欲迷了眼

西汉开国功臣周勃在随刘邦起兵反秦中屡建战功，被封为绛侯。汉朝建立初年，又率兵平定韩信叛乱，官拜太尉。高祖刘邦死后，周勃又与陈平等一起设计智夺吕家军权，一举消灭吕氏诸王，拥立刘恒为帝，刘恒感念周勃辅佐之功，又升其为丞相，周勃也毫不推让，慷慨赴任。

因周勃连年征战，少有读书，虽敦厚勤勉，为人朴实，但治国理政不是靠冲杀拼斗，它需要的是管理才能和用人智慧，而周勃对这些却是一窍不通。有一天，汉文帝刘恒心血来潮，想要了解一下国家的事情，他就问右丞相周勃："全国每年要审理多少案件？"周勃听后，摇摇头小声地回答说不清楚。文帝又问道："全国每年收入多少银两，又需要支出多少银两？"周勃仍是糨糊一团，急得直出冷汗，汗水把内衣都弄湿了，也答不出文帝的问询。无奈，汉文帝只好转过身问左丞相陈平，陈平却对答如流："审理案子的事，有廷尉负责；问财务的事有内史，只要问问他们就清楚明白了。"文帝十分满意陈平的回答，周勃甚感羞愧，便辞去了右丞相的职务。可是，待陈平死后，他又走马上任去过丞相瘾了。有人曾劝他不要担任丞相，说他不是那块料，可他认为自己军功赫赫，不愿丢失自己的名望。

后来，有人陷害告发说周勃要谋反，文帝便借故免去了他的丞相职务，他被迫回到封地绛县避身。可这些人仍不罢休，又罗织罪名把他投入大狱，在狱中，周勃仍不愿放下架子，结果又被狱吏折磨得死去活来、困苦不堪，在文帝的过问下，才被放出监狱，出狱后不久，便郁闷而死。

周勃死后，他的儿子周亚夫承袭了父亲的封号，并很快成长为一名军事将才，他作战勇敢，治军有方，文帝劳军时，周亚夫敢于以军纪之礼迎接皇帝，深受文帝赞赏。他北击匈奴，镇守边陲，屡立奇功。文帝临终，嘱咐太子刘启要重用周亚夫。刘启称帝后，立即任命周亚夫为骠骑将军，由其掌握军队要权。周亚夫不负重托，于公元前154年，以其高超的军事才能，果断地平定了吴王刘濞发动的七国叛乱，保卫了西汉王朝的稳定。公元前152年，汉景帝也是感念周亚夫的辅佐之功，任命他担任丞相，周亚夫也和他老父一样，不懂得拒绝，乐呵呵地上任了。

开始景帝对周亚夫十分器重，也非常尊重，由于周亚夫为人太耿直，从来不会讲策略，后来逐渐被景帝疏远。被他冷落得罪过的梁王、窦太后等人趁机报复陷害他，以他儿子买"甲盾"为由，说他要谋反，景帝也很生气，就将周亚夫交给廷尉审理。廷尉也枉法裁决，讽刺他：就是不在地上谋反，恐怕也要到地下谋反。周亚夫受此屈辱，难以忍受，要自杀明志，自杀受阻后，绝食抗议，五天后，吐血而死。

不得不承认，周勃父子都有极高的军事天赋，治军有术，又都为人朴实耿直，对汉家王朝也都忠心耿耿，但他们的下场却是那样可悲，令人唏嘘。他们的悲剧看似是政治权术所致，究其原因，其实是他们高估了自己。在军事作战上，他们能力超群，可以取得惊人的业绩，但在处理政事、与人交往方面他们却是门外汉，心有余而力不足，可他们又缺乏自知之明，不能为而强为，结果落得可悲的下场，害了家人也害了自己。我们在工作和生活中，一定要摒弃心中那份贪念，正确估量自己的能力和水平，不贪功、不求名，扎扎实实做自己，绝不能让贪欲迷了眼，这就是周勃父子的遭遇带给我们的有益警示。

不断放弃，不断收获

他说，他之所以迟迟未开博客，是因为不会电脑。之所以迟迟不会电脑，是因为人生要学会放弃。放弃一门技巧，就会少一份烦恼。其实，他的人生就曾演绎过无数次放弃。

他从小酷爱文学，20多岁时，当年只有4个版发行量在300多万份的《中国青年报》用一个整版发表他的小说《今夜月儿圆》。两个月后，他从工厂调入《青年文学》编辑部。从此，他认定文学是自己一生追求的目标。文学界多了一个笔名"瘦马"的青年才俊。作为出版社的编辑，他凭借一双慧眼，挖掘了一批有影响力的作家：王朔、刘震云、莫言、苏童等。正当很多青年狂热追逐文学梦的时候，他却敏锐地发现文学的地位在一天天地滑落。他说，文学就是窗台的一盆鲜花，调剂装点我们的生活；天热的时候搁在窗外，栉风沐雨，天一冷，还得拿回屋里。文学是投枪是匕首的年代，随着一代文学大师的故去一起故去了。于是，他主动离开吃香的岗位，从此销声匿迹。

20世纪90年代初，随着电视连续剧《编辑部的故事》的热播，他作为编剧之一再次进入公众视线。之后趁热打铁，又推出了《海马歌舞厅》，参与策划电视连续剧《渴望》。当人们正在为每月几十元钱辛勤工作时，他已经月入数万。此时，影视风生水起，观众有理由相信他将继续带来新作时，而他却第二次玩起了"失踪"。

直到1996年年末，新中国首家私人博物馆"观复古典艺术博物馆"成立，大家才发现他竟然是这家博物馆的主人。2004年，博物馆搬迁至北京东五环外的大山子，更名"观复博物馆"，开风气之先首次引入了博物馆董事会制度。他就是收藏界的权威人物马未都。

马未都不断放弃，最终选择收藏，并作为一直的人生追求。这又是什么原因呢？对此，他做过一个很形象的比喻，就是比如你吸烟，后来你突然在人家怂恿下吸了雪茄烟以后，就特别不爱吸那个烟卷，你觉得那烟卷就没味了。因为那雪茄的力量很大。文物就是那雪茄烟，我觉得文学就是那烟卷，一旦你喜欢文物以后，你很难再喜欢文学。

他的博物馆取名"观复"二字，引自老子《道德经》中的"万物并作，吾以观复"，意为"万物同时在生长，我看着你们轮回"。他希望来他博物馆的每一位客人，都能与馆内藏品进行穿越时空的对话，从而在快节奏的现代生活中觅得一份宁静。马未都很享受这样的宁静：子夜时分，喧嚣尽散，青灯暖茶，书籍相伴。

马未都对文物的感情好像是天生的：小时候，全班去参观博物馆，老师老是催他"跟上，跟上"，而他总觉得看不够，流连忘返。

马未都对文物的感情是痴狂的，甚至在外人看来有点怪异：调入《青年文学》编辑部后不久，一次搬家，家里失窃，那个年代最贵的电器——彩电被盗，可不识货的窃贼并没有带走他珍爱的钧窑挂屏，这让他舒了一口气。去报案时警察疑惑："你家被偷了，你怎么还那么高兴？"为了琢磨如何看出青花年代，他到摄影器材商店买了最亮的灯装在床头，天天晚上抱着坛坛罐罐，痴痴傻傻看到半夜，睡醒了又继续看，终有一天积思顿释，练就一个绝活——只要一看盘子正面，就能说出背面大概是个什么样子。

他对文物的感情是难以割舍的：1988年，有个中国台湾商人看中了马未都当初花200块钱买的碗，开价1万美元，马未都没卖，因为钱是一样的，而古董各有各的美妙；在20世纪90年代以前，他没卖过一样东西，90年代以后，因为找到了类似的更加好的古董，他就用当初买时的原价230元卖出7件东西，之所以不去赚那个钱，是源于文人的面子，觉得赚钱不道德。

对文物与众不同的厚爱，使马未都不像其他收藏者一样沉湎于交易的快乐和秘藏的快乐。在他看来，文物本身既是文化的表现，同时也是引领自己走入文化境界的一扇门。当一个人能够把兴趣跟谋生的手段放在一块儿，并成为一生的追求时，他是幸福的。从这个意义上说，马未都的放弃其实是人生的大智慧。

面对命运，适者生存

在美国加州的岛上，有一种鸟叫美洲鹰。由于市场上有人高价收购，当地人对美洲鹰进行疯狂的捕猎，导致美洲鹰在岛上绝迹，人们再也看不到它的踪影，认为这个物种已经从世界上消失了。

美洲鹰究竟是一种什么样的鸟呢？一只成年的美洲鹰，是体重达到二十公斤、两翼自然展开达到三公尺的巨鸟。它在海面上飞行时，一个俯冲下来，就能抓起一只小海豹飞上天空。这种鸟绝迹了，人们很后悔当时冲动的行为。

在大家认为世界上不可能再出现美洲鹰的时候，美国一名专门研究美洲鹰的科学家阿·史蒂文，却在南美安第斯山脉的一个岩洞里，发现了绝迹多年的美洲鹰。让人感到不可思议的是，这种体形庞大、习惯在海上飞翔的美洲鹰，竟然能在拥挤狭小的岩洞中生活。

阿·史蒂文发现，洞中到处都是奇形怪状的岩石，岩石与岩石之间最大的距离是零点五英尺；最狭窄的地方，两块岩石几乎紧贴在一起。有的岩石薄得像刀片，有的岩石尖得像钉子。在这样的情况下，别说身体庞大的美洲鹰，连麻雀恐怕都很难栖身。美洲鹰究竟是以什么样的方式生活？所有专家都难以想象。

阿·史蒂文利用高科技的方法，在洞中捕捉到一只美洲鹰，然后用许多树枝把它围在中间，再用铁蒺藜做成直径为零点五英尺的小洞，试着让它从洞里往外飞。

美洲鹰一下子便从零点五英尺的小洞里飞出去了，速度快得谁也没有看清楚是怎么一回事。阿·史蒂文只能透过录像的慢动作观察。

录像的慢动作显示，美洲鹰在穿过小洞的一刹那，翅膀紧紧地贴在肚子上，双脚直直伸到尾部，与伸直的脖子和头保持在一条直线上，巨大的躯体在瞬间变成一条又柔又软的面条，进而轻松做到人们无法想象的事情。

在对美洲鹰研究中，阿·史蒂文还发现，美洲鹰身上布满了大小不一的老茧子，老茧子的坚硬程度可以与岩石相抗衡。可见，当时美洲鹰为了躲避人类的追捕，来到这样的岩洞里，为了适应环境，为了让自己庞大的身躯能穿过岩石之间狭小的缝隙，在一次次地受伤中调整自己、改变自己，终于让自己的身上有了老茧子以抵御岩石的摩擦，让自己庞大的身躯柔软到可以瞬间成为一条直线。

美洲鹰无法躲避人类的捕杀，也无法改变岩洞的狭小，但是它却改变自己，进而获得生存空间，让濒临绝迹的种族得以延续。

缩小自己是很困难的，可能会流泪，可能要受伤，但是只有勇于并且甘愿缩小自己的人，才可以穿过狭小的缝隙，获得更广阔的天空。

我们无法选择自己的出身、父母和家庭，无法选择决定我们前半生命运的平台。无论这个平台如何，对我们的影响有多大，我们都无法改变，所以不必抱怨，只需要承认和接受。

但是，我们绝对有办法选择自己后半生的道路、生活环境或是生活方式，也就是说，我们可以设计自己的第二次出生，也同样能赋予自己的第二次生命。

阅人无数，不如明师指路

人的生命是有限的，精力是有限的，才能也是有限的，不可能样样精通，要想弱势变成强势，除了做好适合自己的那份工作而外，还要学会借脑。前车之覆，后车之鉴，借鉴人家的经验和教训，绕过人家走过的弯路，借助别人的智能获得成功。

小鸟嘴叼一根树枝，累了，就把树枝放在水面上休息，借助树枝的浮力，终于飞过大西洋，展示了借势着力、顺势成功的魔法。

翅膀单薄的蜻蜓，因为善于借助季风的推力，顺势而为，借力飞翔，飞越数千公里的茫茫大洋，创造了令人类望尘莫及的飞翔神话。

借脑，就是巧妙利用他人的智慧、资金、信誉、经验等条件来帮助、提升、完善自己，做最好的自己。

发展，不可万事不求人，该求人时还得求。善借他人之力，是发展的有力武器。世上最聪明的人，是会掩藏他的聪明，善于借用别人撞得头破血流的经验作为自己经验的人，世界上最愚蠢的人认为只有自己撞得头破血流的经验才叫经验。

有个男孩跟妈妈到杂货店买东西，老板看他很可爱，就打开糖果罐，要他自己拿一把。他没拿，老板就亲自抓了一大把糖放进他的口袋。回到家，妈妈好奇地问，为什么自己不去抓而要老板抓呢？男孩说：因为老板的手比较大，所以他拿的一定比我拿的多很多！

孩子知道自己的手小，也知道大人的手大，适时地依靠他人的力量来达到自己想要的结果，这种借助就是一种智慧。成功的金字塔，单靠个人的力量是建不成的，个人的智慧是有限的，这就需要巧妙地借助他人的脑袋和大手，进行交往、支撑与碰撞才能看到金碧辉煌。

水懂得借势，方能因势而流，顺势而下；人懂得借力、借脑、借势发挥，顺势而为就方便多了。只要心无旁骛，好好把握，乘势而为，就能快速到达成功的彼岸。

现实生活中，常和谁在一起的确很重要，这甚至能改变你的成长轨迹，决定你的人生成败。与智者同行，你会不同凡响；与高人为伍，你能登上巅峰。

母黑雁择邻而居，把家建在猛禽雪鸮的巢穴附近，当北极狐来袭时，雄雪鸮从天而降，决不允许北极狐靠近它的巢穴，母黑雁借力静观其变，让邻居担负起抵御入侵者的重任。知人者智，自知者明。遇到强大的对手，与其无效反抗，不如借力保护自己。

常和优秀的人在一起，就可能出类拔萃；常和快乐的人在一起，嘴角会常带微笑；常和诚信的人在一起，就知道恪守诚信；常和幸福的人在一起，就懂得感受幸福；常和阳光的人在一起，心里就不会阴暗；常和进取的人在一起，行动就不会落后；常和大方的人在一起，处事就不小气；常和睿智的人在一起，遇事就不迷茫；和爱的人在一起，住窝棚也是天堂；和勤奋的人在一起，你就没空去偷懒；和积极的人在一起，哪里还有时间去消沉、去颓废、去沉沦呢？

常和聪明的人在一起，你做事也慢慢变得机敏、睿智；常和具有高贵思想的人在一起，你就不会低俗；常和普通的人在一起，谈论的是闲事，赚的是工资，想的是明天；常和做生意的人在一起，谈论的是买卖，赚的是利润，想的是下一年；常和有事业心的人在一起，谈论的是机会，赚的是财富，想到的是未来和保障；常和智慧的人在一起，谈论的是技巧，交流的是奉献，遵道而行，一切将会丰饶富足。

读万卷书，不如行万里路；行万里路，不如阅人无数；阅人无数，不如明师指路。

借用别人的智慧充实自己，不用别人的智慧贬低自己；借用别人的成功激励自己，不用别人的成功折磨自己；借用别人的错误提醒自己，不用别人的错误宽容自己。

世间没有一成不变的事物，懂得借脑而用吸收创新，借势而为顺势腾飞，借力而行善于推进，借人智慧，整合己用，这更是"知人善用"的功夫了。

借力的形式多种多样，有的借力去干力所能及的事，有的借力去干力所不能及的事；有的借光走光明大道，有的借光陷进了污浊肮脏的狗屎堆。借力，也要有明辨力，有所为，有所不为。

正如托尔斯泰所说：跟鹰在一起，不是鹰你也学会了飞翔；跟鸡在一起，是鹰你也飞不起来。

苦难和悲伤，是生命的催化剂

裸体鸟是一种飞行动物，毛毛虫是一种爬行昆虫，二者虽然生活方式不一样，但它们却有着相同的技能：通过采食含有毒素的植物维护自己的生命。

在奥地利的克利马地区有一种鸟，除了翅膀、头部和爪部生有少量羽毛外，其他部位都是光秃秃的，当地人把它们称为"裸体鸟"。

每当寒冷季节来临时，裸体鸟就会飞到棉花地里，衔来棉絮放在它们搭建的窝里，遇冷时只要在棉絮里滚上几下，就如同穿上了一层厚厚的棉衣。这是因为它们光秃秃的身体上，有无数细小的皮囊，能分泌出一种乳黄色的黏液，将棉絮牢固地粘在身上，就可以抵抗寒冷、渡过严冬。到了暖季，它们的皮囊中也会分泌出一种液体，去掉黏着力，促使棉絮自动脱落。然而，裸体鸟在分泌液体时，需要吞食一种含有毒素的菌蘑，才能使皮肤发生化学反应而分泌出使棉絮脱落的液体。很多裸体鸟忍受不了那种痛彻心扉的剧痛，不愿食用那种菌蘑，这样的后果很严重，它们虽然躲过了化学反应的疼痛，却因无法分泌出能够去掉棉絮的液体，失去了蜕变成裸体的良机，到了炎热的暖季，因无法排泄出汗液而被活活热死。

而在美国的亚利桑那州生活着一种叫虎蛾的毛毛虫，喜食绿色植物，它们的食量还很大，几条小毛虫在几天内就能吞食一棵小树苗的叶子。这些植物则会自发生出植物碱、配醣体等有毒物质来抵制毛虫的危害。但是，无所畏惧的虎蛾竟然专挑那种有毒植物的叶片吃，即使在身体内部会有很剧烈的化学反应，它们仍不改初衷，结果使自己的身体愈发健康。原来，虎蛾体内时常产生一种寄生虫，寄生虫达到一定数量时，就会威胁它们的生命安全，虎蛾在食用大量的含植物碱、配醣体等植物的叶片，经过化学反应，使体内的植物碱、配醣体积聚到一定浓度，就会把寄生虫迅速杀死，从而避免了寄生虫泛滥的威胁，实现了生命的自我救赎。

　　裸体鸟因为害怕痛苦而放弃食用有毒素的菌蘑，结果失去了生命，甚是可惜。而虎蛾却是勇敢地面对苦难，不畏苦痛，因而实现了自救，维护了生命。由此可知，悲痛和苦难是生命的催化剂，有时也是维护生命的必要手段，没有苦难和悲伤，生命就显得平淡无奇，甚至会难以延续。生活中，我们面对种种苦难时，一定要勇敢地承受它，并想办法克服它，才会避免灾难，迎来美好的明天。这就是裸体鸟和虎蛾带给我们的有益启示。

一个活得痛快的人

　　老丁没学历没相貌没银子，唯一的优点就是老实厚道勤奋能干，他是漂在这个大都会里千千万万普通人中的一员。在人群之中，他就如同是一粒掉落在撒哈拉的沙子一样，我们当年估计着老丁要是能成功，那就非得累到吐血为止不可。

　　老丁的第N个工作是在一家饭馆当服务员。有一天，刚发了工资的老丁请我去他打工的那家饭馆吃饭，因为那天饭店生意相当不错，忙不过来，所以本已经请了假的老丁只好又回到工作岗位上，我独自吃饭，他趁着空跑过来和我聊几句。

　　饭店里的人越来越多，老丁小心翼翼地端着一盆热汤从一个客人身边走过的时候，那个正在和对面女伴说得兴起突然双手乱挥的男客人一下子打到了老丁捧着的盆，一些热汤洒到了男客人身上。

　　"你怎么干活的？把你们老板叫过来！"男客人怒吼着跳了起来，屋子里一下子静了起来，很多人看到了刚才那一幕，因为那个男客人的声调从开始就引起了大家的注意，显然谁对谁错大家心里都有数。没想到男客人却越吼越来劲无理取闹起来，唾沫星子喷了老丁一脸。

　　我气得撸起袖子就要走过去，老丁却不停地向对方鞠躬道歉："对不起，对不起，都是我的错，您没事儿吧？"对方虽然蛮横，但是也自知理亏，看到老丁这样的态度，又挥了挥拳头喊了几句，随后和女伴匆匆离开了。

　　男客人走了之后，老丁笑着频频向大家点着头："都是我不好，打扰大家用餐了，抱歉抱歉！"

不久之后，老丁就涨了工资。老板给出的理由很简单："不能让厚道人吃亏，而且饭店里有这样的厚道人，生意也会更好做。"好脾气的老丁在这里不仅涨了工资，也赢得了很多回头客的好感，和其中很多人都成了朋友。

老丁在那家饭店干了很长时间，直到老板决定关了饭店回家乡发展之后，老丁才又找了一份送快递的工作。

老丁运气差了点，刚送了一段时间快递就碰上了意外。有一次，忙得不可开交的老丁天黑之后去送一份快递，累得快要虚脱了的他在路上被一辆汽车撞了一下，所幸只是皮外伤。老丁在医院里经过简单包扎之后，一瘸一拐地拿起快递又向顾客家赶了过去。到顾客那里的时候已经不早了，收件人看到姗姗来迟的老丁，一下子火了，冲着老丁就是劈头盖脸一顿训斥。老丁也不解释，仍旧是一如既往地道歉。"对不住了，都是我不好，您消消气。"女顾客训了老丁半天才解气，她气呼呼地签收了快递之后，才发现老丁右腿的裤子已经破了，上面还有血迹。"你这是怎么了？"她有些纳闷地问道。老丁简单地把事情说了一下，对方这才知道老丁是带着伤从医院跑出来给自己送快递的，脸腾地一下就红了。

老丁送快递的日子一长，他又因为自己的好脾气结识了不少新朋友。后来，手里有了点积蓄的老丁决定重新去他熟悉的餐饮领域发展，开了一家小饭馆。我们越来越忙，联系也越来越少，但老丁那里总是传来各种好消息。

直到有一天，我收到了老丁的请柬，才知道他的第一家酒楼就要开张了。酒楼开张那天，在门口招呼客人的老丁看见我之后连忙快步走过来，双手握着我的手，连声说道："对不起，对不起，平时太忙了，联系都少了，这都是我不对。"

在酒桌上我才知道老丁的生意之所以做得这么顺利，是因为他自从开饭馆开始，以前认识的那些朋友们就尽其所能地来帮忙捧场，再加上老丁稳重勤奋的性格，生意自然越来越红火起来。

那天喝到高兴的时候，我把萦绕在心头许久的疑问向老丁提出来："为什么你永远道歉？就连别人做错了，你都要赔礼道歉？"老丁笑着告诉我："这些事情都是一些鸡毛蒜皮的小事，我道歉也不会伤害我做人的原则和尊严。任何冲突都会让当事双方心里不痛快，大家都不痛快了，事情就要向更坏的方向发展。我道歉，我承担所有的过错和责任，那不痛快的只是我一个人而已，对方心里不就痛快了吗？这样既消除了事态继续恶化的隐患，又让别人痛快了，就是最好的结果了。"

这一刻，我才恍然大悟，眼前这个永远道歉的人并非懦弱胆怯，而是拥有着巨大的智慧。一个能让身边人都能感到心里痛快的人，自己又怎么会活得不痛快呢？